高等学校机器人工程专业系列教材
"校企合作"双元教材

工业机器人应用

(FANUC)

主　编　郭　雄　梁　舒

副主编　郑锦瑞　钟德钧　黄廉杏

参　编　宋如广　刘军库　廖　才

　　　　钟燕春

西安电子科技大学出版社

内 容 简 介

本书以 FANUC 工业机器人为对象，系统地介绍了工业机器人在数控加工方面应用的相关知识。全书共 2 篇 5 个项目，主要内容包括：走进机器人数控加工、机器人数控加工规划、机器人数控加工工作站布置、机器人数控加工工作站控制、机器人数控加工工作站应用等。

本书将知识点和技能点融入典型工作站的项目实施中，可满足工学结合、项目引导、教学一体化的教学需求。

本书既可作为应用型本科院校工业机器人技术、机械设计制造及其自动化、机电一体化技术、电气自动化技术等专业的教材，也可作为相关从业人员的学习参考书。

图书在版编目(CIP)数据

工业机器人应用：FANUC / 郭雄，梁舒主编. --西安： 西安电子科技大学出版社，2024.5
ISBN 978-7-5606-7261-8

Ⅰ . ①工⋯ Ⅱ . ①郭⋯ ②梁⋯ Ⅲ . ①工业机器人 Ⅳ . ① TP242.2

中国国家版本馆 CIP 数据核字 (2024) 第 076336 号

策　 划　明政珠
责任编辑　杨　薇
出版发行　西安电子科技大学出版社 (西安市太白南路 2 号)
电　 话　(029)88202421 88201467　　　邮　 编　710071
网　 址　www.xduph.com　　　电子邮箱　xdupfxb001@163.com
经　 销　新华书店
印刷单位　咸阳华盛印务有限责任公司
版　 次　2024 年 5 月第 1 版　 2024 年 5 月第 1 次印刷
开　 本　787 毫米 × 1092 毫米 1/16 印张 10.25
字　 数　228 千字
定　 价　33.00 元

ISBN 978-7-5606-7261-8 / TP

XDUP 7563001-1

机器人的开发是在 1951 年第一代数控机床 (CNC) 与其相关的控制技术及机械零部件的研究技术基础上开始的。

从 20 世纪 80 年代开始，由于汽车行业的蓬勃发展，工业机器人随之得到了巨大发展，这时期开发出了点焊机器人、弧焊机器人、喷涂机器人以及搬运机器人，其系列产品已经成熟并形成产业化规模，有力地推动了制造业的发展。为了进一步提高产品质量和市场竞争力，装配机器人及柔性装配线又相继开发成功。目前，工业机器人已发展成为一个庞大的家族，应用于制造业的各个领域之中。为了进一步推动工业机器人在制造业中的应用，我们编写了本书。

本书结合国务院 2015 年 5 月发布的《中国制造 2025》的精神编写。作为《中国制造 2025》的第二个重点领域，机器人在参与数控机床加工制造以实现自动化、提升加工工艺质量和批量化生产效率等方面，具有很大的融合发展空间。

本书具有以下特点：

(1) 本书以项目式教学设计作为框架，由湛江科技学院联合北京华晟经世信息技术股份有限公司相关技术人员参与教学项目设计，融入工业机器人行业新技术、新工艺、新规范，实现校企双元开发教学内容。

(2) 本书内容以实践操作为主线，采用文字与图片并重的编写方式，通过项目式教学方法，对机器人数控加工技术所涉及的数控加工工艺、刀路编制、机器人数控加工刀路的后置处理、机器人仿真加工及机器人数控加工生产等环节进行全面讲解，通俗易懂。

(3) 本书配套有"经世优学""智慧树"平台在线课程，书中涉及的课程重难点均配套有相关学习资源，包括在线课程、教学视频、机器人数控加工工作站图、外围设备图、机器人 LS 程序代码文件和机器人 RoboGuide 工作站文件及在线题库等。在线课程和教学视频可登录经世优学平台 (http://study2.huatec.com/) 来观看学习。本书配套的其他电子资源在西安电子科技大学出版社官网的资源中心下载。另外，我们将继续联合北京华晟经世信息技术股份有限公司，针对行业技术及工艺进行持续更新和优化。

在学习本书前，读者应具备机械加工、数控技术和数控加工等方面的基础知识。

本书分为五个项目，每个项目由浅入深，提供了技巧方法和应用案例。读者可以根据自己的需求选择阅读特定项目，也可以按照项目顺序逐步学习，掌握机器人数控加工应用的方方面面。

本书由郭雄、梁舒主编。郭雄负责拟定大纲及设定项目背景；梁舒负责总纂，组建并管理编写团队。本书项目一至项目五由郑锦瑞和钟德钧共同编写。黄廉杏负责对全书内容审核与修订。另外，感谢宋如广、刘军库、廖才、钟燕春对本书内容的审核，感谢林芝廷、孟千胜、全志民对本书格式的校对，感谢所有支持本书编写和出版的人们。

本书为校企合作教材，由北京华晟经世信息技术股份有限公司提供部分案例及技术支持。

由于编者水平有限，书中不足之处在所难免，敬请广大读者批评指正。

编 者

2024 年 1 月

CONTENTS

目 录

基础篇

初识机器人数控加工

项目一
走进机器人数控加工

📄 **项目引入**

陈工："现在我给大家作一个简单的关于 FANUC 机器人数控加工的培训。既然是与该品牌机器人的第一次见面，我们必须对机器人有一个简单的认识。下面，我们来看看 FANUC 机器人和数控机床是怎么结合起来应用的。"

小宋："师傅，机器人和数控机床结合是不是将两者放在一块就可以？"

陈工："不是单纯地放在一起就行，而是要让它们结合起来完成具体的应用才行。"

小马："可是师傅，对于我们这些初学者来说，首先应该了解哪些知识呢？"

陈工："当然是先从工业机器人的概念入手，然后还要了解整个工业机器人数控加工领域的发展方向。在重点学习工业机器人数控加工知识时，不仅要熟悉数控加工的基本概念、数控加工机器人的分类，还要了解数控加工机器人的评价标准。"

计算机技术的快速发展，使得传统制造业发生了巨大的改变。工业发达国家陆续投入大量资金对现代制造技术开展研究和开发，并且提出了崭新的制造模式。在现代制造系统当中，数控技术是非常重要的技术，它具有精确、高效、柔性程度高、智能自动化等特点，对制造业实现生产柔性化、智能自动化、模块集成化起着至关重要的作用。

为了适应制造过程复杂性越来越高的要求，数控技术正在发生重大的变革，即由专用型封闭式开环控制模式向通用型开放式实时动态全闭环控制模式发展。我们可以看到，数控技术与体现国家战略地位和国家综合国力水平的重要基础性产业紧密相连，数控技术水平高低和使用的范围是衡量一个国家制造业现代化程度的核心标志。实现制造业生产过程智能自动化，已经成为当今制造业的重要发展方向。机械制造的竞争，实质上是数控技术的竞争。

现代数控技术综合了传统的机械制造、计算机、成组技术与现代控制、传感检测、信息处理、网络通信、液压气动、光机电等技术，是现代制造技术的基础。数控技术的广泛应用给机械制造业的生产方式、产业结构、管理方式带来了深刻的变化，是制造业实现自动化、柔性化、集成化生产的基础，计算机辅助设计和制造 (CAD/CAM)、柔性制造系统 (FMS) 和计算机集成制造系统 (CIMS) 等技术都需要建立在数控技术基础之上。

目前机器人数控加工的发展主要有两个方向：一是机器人的智能化，采用多传感器、多控制器、先进的控制算法、复杂的机电控制系统；二是在满足工作要求的基础上，采用性价比高的模块，即大量采用工业控制器以及市场化、模块化的元件。

任务一　机器人数控加工基础

任务描述

在学习 FANUC 机器人数控加工之前，根据师傅陈工布置的任务，小宋和小马需要去网上搜集资料，了解国际上关于工业机器人的定义、工业机器人的产生和发展历史，熟悉工业机器人的几大主要类型。

任务学习

一、机器人数控加工的发展历史及方向

1. 机器人与数控加工的发展历史

机器人的发展和数控加工技术的发展可以说是同源的，但随后各自在不同的领域得到了巨大的发展。

(1) 机器人 (Robot)。根据国际标准化组织的 ISO8373 标准对机器人给出的解释，机器人具备自动控制及可再编程、多用途功能，机器人操作机具有三个或三个以上的可编程轴；在工业自动化应用中，机器人的底座可固定也可移动，是一种能够半自主或全自主工作的智能机器。

(2) 数控加工技术。讲到数控加工技术时就要引入数字控制 (Numerical Control，NC) 的概念，数字控制简称数控，是采用数字化信息实现加工自动化的控制技术。同理，数控设备就是采用了数控技术的机械设备，也可以说是装备了数控系统的机械设备。

机器人技术是基于数控和远程操作两种技术发展而来的。数控技术为可编程工业机器人提供了解决思路，远程操作技术则为远程控制机械臂执行有效的动作提供了解决思路。

下面介绍机器人和数控加工技术的发展历程。

1920 年，捷克作家卡雷尔·恰佩克 (Karel Čapek) 在科幻剧本中第一次提出了 "Robot" 一词，中文翻译为 "机器人"。

1940 年，美国密歇根州飞机制造公司在加工飞机叶片轮廓框架时，对加工轨迹进行设计，并做数据处理，从而出现了早期的数控思想。

20 世纪 50 年代，美国橡树岭国家实验室研制出搬运核原料的主从型遥控操纵机械手，这是机器人的雏形。

1952 年，美国 Parsons(帕森斯) 公司和麻省理工学院 (MIT) 以共同研究的数控技术为基础，成功开发了第一代带有控制器的三坐标直线插补连续控制的立式数控铣床样机，该机主要用于加工直升机叶片轮廓检查用样板。该样机的出现标志着世界上第一台数控机床的诞生，其被命名为 "Numerical Control"，如图 1-1 所示。其后一年，MIT 开发出只需要确定加工零件的轮廓并制定好切削路线，就可以生成 NC 程序的用于机床编程的 APT(Automatically Programmed Tools，自动编程工具) 语言。

图 1-1 美国 Parsons 和 MIT 开发的第一代数控机床

20 世纪 50 年代，数控技术的发展开辟了工业生产技术的新纪元。1959 年，美国 Keaney&Trecker Corp.(卡耐·特雷克公司) 在数控铣床的基础上开发出数控加工中心。该加工中心有刀具库且具备刀具自动交换装置，通过穿孔带的指令主动选择刀具，并通过机械手把刀具安装在机床主轴上，可完成对工件的加工。

1961 年，美国万能自动化公司 (Unimation) 生产出第一台工业机器人，取名为 "Unimate"，并在美国通用汽车公司 (GM) 投入使用，标志着第一代机器人的诞生。

1962 年，美国机械与铸造公司 (AMF) 试制出 Versatran(沃萨特兰) 工业机器人，这是一个多用途搬运机器人。

20 世纪 60 年代，第一代可编程机器人大大推动了机器人技术的发展，同时 60 年代也是数控技术迅速发展的时期。1967 年，英国最早将几台数控机床连接组合成具备柔性的加工系统，被称为柔性制造系统 (FMS)。后续美国、欧洲一些国家和日本也接着开发和利用此系统。

20 世纪 70 年代，随着计算机技术和传感器技术的飞快发展，出现了第二代感知机器人。此时，微电子技术飞速发展，1974 年以后实现了将微处理器直接安装在数控机床上，加强了数控软件的功能，发展成计算机数控系统 (CNC)，大大推动了数控机床的发展。

20 世纪 80 年代是第三代智能机器人的发展阶段，此阶段机器人的应用达到了更高的水平；同时出现了计算机集成制造系统 (CIMS)，主要通过计算机集成管理和控制产品全过程，包括市场预测、生产决策、产品设计与制造和销售。数控系统是 CIMS 的基本控制单元。

20 世纪 90 年代，人工智能、计算机和传感器技术的快速发展，使得工业机器人的研究水平得到进一步的提升，发展出基于 PC-NC 的智能数控系统，即将 CNC 融合到PC 里面。这是一个开放式的数控系统，打破了原数控厂家的封闭式专用系统结构模式，这种系统更容易升级换代，并且充分利用 PC 的软硬件资源来实现远程控制和远程检测诊断。

进入 21 世纪，工业机器人技术向着具有多感知能力、行走能力、对环境自主性强的智能机器人的方向发展。数控技术则主要向以下四个方面发展。

1) 纳米插补与复合化功能应用

在纳米插补技术的基础上，可以产生以纳米为单位的指令，并将其输送给数字伺服控制器。数字伺服控制器执行位置指令更加精细、平滑，从而使得加工零件表面的平滑性大大提升。将纳米插补和多功能伺服控制有机结合起来，可以更好地减小系统的随动误差，提高产品的加工表面质量，也可优化低速平稳性。2010 年，FANUC 公司在美国芝加哥机床展览会展出了在伺服控制方面应用纳米插补技术的 CNC，实现了 Cs 轴轮廓控制，即把车床的主轴控制变为位置控制来实现主轴按回转角度的定位，并和其他进给轴插补结合来加工出形状复杂的工件。

2) 数控与工业机器人有机结合应用

智能数控功能具备自主加工出复杂工件的能力，而工业机器人在数控系统当中提供了非常重要的智能化拓展的应用方向，使得数控技术和产品得以飞速发展。机器人和数控技术结合不仅能完成搬运、喷漆、焊接等作业，而且能完成机床的上下料、工具更换等，更进一步还有直接在机器人上安装电主轴，选配对应的加工刀具来完成切削加工、雕刻等复杂工艺，这些工艺改变了传统数控系统的固有模式，如 FANUC 机器人加装高速主轴来完成精加工钢件倒角工艺。

3) 智能化加工监测应用

由于计算机技术和传感器的飞速发展，数控系统也朝着 PC-NC 的智能数控系统方向发展。智能数控系统具有实时动态全闭环控制体系结构，可以通过应用视觉、压力传感器等检测系统检测到生产过程中的实时问题，并自主调整加工方法，使得工件加工质量可控。智能控制系统是可以自适应控制的数控系统。数控系统通过在主轴中加入传感器来识别切削加工状态，若出现了不稳定的情况，系统会自动调整切削参数，使得加工更加稳定和可靠。

4) CAD/CAM 技术应用

CAD/CAM 能够辅助数控系统更快和更有效地完成复杂曲面的加工任务，大大提升数控系统的应用能力。CAD/CAM 为数控设备加工复杂工件提供了多种策略，还能实现加工仿真，提前发现加工过程中的异常问题，并作出优化和调整。例如，AutoCAD 公司的 PowerMill 软件不仅有数控加工模块，还有机器人模块，可实现数控和机器人结合来完成复杂曲面加工的仿真。

2. 国内机器人数控加工发展方向

国产机器人数控加工行业与国际先进水平仍存在差距，国内工业机器人发展比国内数控加工产业晚些，主要制约因素有制造工艺水平、伺服控制系统、集成系统应用以及先进技术标准等。我们需要突破这些制约因素，把数控技术和机器人有机结合起来并向深度发展，进一步加强我国装备制造业在国际上的综合竞争力。

那么，机器人数控加工需要如何发展？这里从以下两方面来阐述。

1) 在加工制造应用方面

应用机器人进行机床结构件的自动化加工和应用专用机床进行机器人专用减速器的精密加工，都能够提高产品加工质量和加工效率。国产数控加工机器人企业在以上应用方面有很大的提升空间。数控加工机器人企业可以依托数控企业的制造加工能力和智能控制技术来达到以下目标：

(1) 对于工业机器人的本体铸件、减速机结构件的加工，机器人企业和数控系统企业协同研究批量精密加工方案，以达到提高机器人批量生产和加工质量的目标，共同解决生产接口问题，按照有序节拍开展生产，实现产品质量和生产效益高度平衡。

(2) 对于工业机器人应用的工装与夹具，需要与各大型数控厂家一同推广应用机器人，提升集成机加工生产线的能力，使得机器人在数控系统中应用范围更广。

(3) 对于数控系统生产线的上下料和工件搬运、打磨、去毛刺、焊接、喷涂等应用的机器人，用于实现自动化、柔性化制造，由数控系统企业与工业机器人企业协同开发和制作，以实现完整设备零部件的自动加工，提高数控加工机器人的制造水平。

(4) 对于工业机器人机械本体 (见图 1-2) 的关键零部件，如转盘、箱体、大臂、小臂、腕部等，其加工尺寸精度和形位公差较高，需配置要求很高的机加工设备、

图 1-2　工业机器人机械本体

工装夹具、检测用具等；而对于机器人减速器的行星针轮、行星架、摆线齿壳、偏心轴等关键零件，国内的制造设备、组装工艺、检测手段等有一定差距。我们需要使用国产机器人数控加工系统及工装夹具等实现以上部件的加工，有利于促进我国高端精密机械零部件设计及制造加工水平，提升国产数控系统与机器人结合的应用程度。

2) 在系统集成应用方面

数控系统生产线的上下料机器人 (见图 1-3) 作为机械加工柔性生产线代替人工操作，工业机器人在数控设备运行期间进行打开机床门、搬运物料、关闭机床门等工作。国内数控设备数量迅速增长，对于机器人生产企业首先要推出应用数控系统生产线的上下料柔性机械加工生产线，不仅可满足国内巨大的市场需求，而且有助于推动数控系统加工技术、机器人应用技术的充分结合，实现智能自动化、数字控制化、工业网络化的制造方式，也能实现生产过程的智能控制、信息化管理，提高产品质量和生产效率，提升制造工艺管理水平，进而提升机械装备制造业的整体制造水平。例如，国内的广州数控与大连机床厂共同合作和研发机器人专用加工机床、机器人机械加工柔性自动化生产应用等项目，促使双方互相融入产业应用。

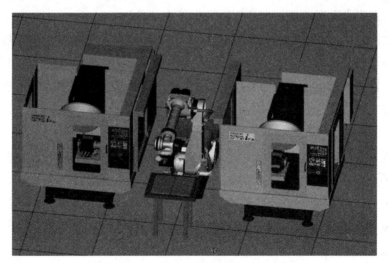

图 1-3　数控系统生产线的上下料机器人

在数控系统制造加工应用领域，国内数控系统与工业机器人的融合应用已处于高层次的发展之中。按照行业应用层次来说，现在融合应用有了较大的变化。

(1) 机器人工作岛：单对单联动机械加工、单对多联动机械加工，如机器人自动机械加工构件的设备形成环形工作岛，在一个工位完成多个机械加工工序，机械臂通过视觉获取构件的位置，使用智能系统驱动机器人完成自动机械加工任务。

(2) 柔性制造系统 (FMS)：以网络控制为基础的柔性机械加工线，使用 PLC 控制系统，将多个工业机器人、多个数控系统设备等通过工业以太网总线方式联网组线，根据加工节拍开展有序、自动的制造加工。

(3) 数字化车间：应用 CAD/CAM/CAPPS/MES 辅助生产工具、传感技术、云计算技术、大数据技术、物联网技术等，具备实时监控加工过程、实时反馈在线故障、管理刀具信息、加工工艺数据、管理设备维护数据、记录加工产品信息等功能，能够实现车间无人化加工，实现制造系统的加工计划、生产协调集成与改进运作。

(4) 智慧工厂：应用智能自动化车间布局和 ERP 信息管理系统，最大程度地改变传统的制造方式。ERP 系统的数据库能够通过网关与各种外部信息系统衔接，把车间制造数据接入 ERP 系统，能够在线查询车间制造状态，能够高效配置企业资源。使用 ERP 系统的电子邮件和短信通知，能够向生产管理者或者相关员工实时汇报设备故障、制造异常、生产进度等信息，使得相关方尽快处理好生产问题，从而使得生产顺利进行。

二、数控加工的基本概念

1. 数控加工的定义

数控加工是指在数控系统设备上对零件加工的一种工艺方法。数控系统设备加工与传统机床加工的工艺规程在总体上是一致的，但也有明显的不同，比如使用数字信息控制零件和刀具位移的机械加工方法。数控加工是解决零件品种多、批量小、形状复杂多变、加工精度高等问题和实现高效率与自动化加工的有效方法。

数控技术从航空工业的需求开始萌芽，随着数控系统和程序编制技术逐渐成熟和完善，现在数控系统设备已被用于各个工业部门，但航空航天工业始终是数控系统设备的最大用户。一些规模较大的航空工厂配有数百台数控系统设备，其中以切削系统设备为主。数控加工的零件有飞机和火箭的大梁、隔框、整体壁板、蒙皮、螺旋桨以及航空发动机的机匣、盘、轴、叶片的模具型腔和液体火箭发动机燃烧室的特型腔面等。

数控系统设备发展的初期以连续轨迹的数控系统设备为主；连续轨迹控制又称轮廓控制，使刀具相对于零件按照规定轨迹来运动，主要应用于数控车削系统、数控铣削系统、加工中心等；其相应的数控装置称为轮廓控制装置。后来点位控制数控系统设备得到了很大的发展，点位控制是指刀具从某一点向另一点移动，只要求最后能精确地到达目标而不管过程中是如何行走的，常见的如数控坐标镗床、数控钻床、数控冲床、数控点焊机和数控折弯机等，其相应的数控装置称为点位控制数控装置。另外，还有点位直线控制数控系统设备，这种设备除了要对定位点控制外，还要控制两相关点之间的移动速度和移动轨迹。其移动轨迹一般都由与各坐标轴线平行的直线段组成，这类机床主要有数控车削系统、数控磨削系统和数控镗铣系统等，其相应的数控装置称为点位直线数控装置。

数控加工的早期控制介质是穿孔纸带（或磁带），通过其控制数控系统设备完成自动加工。现在穿孔纸带已基本不使用，大部分的数控系统设备都具有与计算机进行数据交换的通信接口，如 RS232、RS422、网卡等，因此编制的数控程序可以直接传输到数控系统设备里而不需制作控制介质。根据所加工零件各自不同的特点，如飞机和火箭的零件、构件的尺寸较大、型腔面相对复杂，而发动机零件和构件的尺寸较小、精度要求高，因此不同的制造企业所选用的数控系统设备会有所不同。在飞机和火箭制造工业中以采用连续控制的大型数控铣削系统为主，而在发动机制造工业中既采用连续控制的数控系统设备，也采用点位控制的数控系统设备。

为了提高制造生产的智能自动化程度、缩短编程所需时间和降低加工成本，还发展和应用了一系列先进的数控加工技术，如计算机数控、直接数控等。计算机数控是用小型或微型计算机代替数控系统中的控制器，并使用存储在计算机中的软件执行计算和控制功能，这种计算机数控系统逐渐代替了初始数控装置。直接数控是用一台计算机直接控制多台数控系统设备，适用于小批量短周期产品的制造。理想的控制系统是可连续改变加工参数的自适应控制系统，虽然系统本身很复杂，其制造成本昂贵，但是能够提高加工效率和加工质量。数控的发展除在硬件方面改善数控系统和设备外，重要的还是软件的发展，其中，计算机辅助编程的发展非常重要。计算机辅助编程 (自动编程) 就是由程序员用数控语言写出程序后，将它输入计算机中进行翻译，最后由计算机自动输出到控制介质或者通信媒介。目前，使用比较普遍的数控编程语言是 APT 语言。程序一般分为主处理程序和后置处理程序，前者对程序员编写的程序加以编译，计算出刀具运行轨迹，后者把刀具运行轨迹编成数控系统设备的零件加工程序。

数控设备是一种用计算机来控制的设备。计算机和可编程逻辑控制器等控制组件以及其他控制设备统称为数控系统。数控系统中的计算机包括专用计算机和通用计算机。数控设备的运动和辅助动作都受控于数控系统发出的指令。数控系统的指令是由程序员根据零件的材料性质、机械加工要求、数控设备的特性和系统所规定的指令格式 (数控编程语言或符号) 编制的。数控系统通过程序指令向伺服装置和其他功能部件发出运行或终断信息来控制数控设备的各种运动。当零件的加工程序结束时，数控设备会自动停止。任何一种数控设备在其数控系统中若没有输入程序指令则不能工作。数控设备的受控动作大致包括设备的启动、停止，主轴的启停、旋转方向和转速的变换，进给运动的方向、速度、方式，刀具的选择、长度和半径的补偿，刀具的更换，冷却液的开启、关闭等。

2. 数控加工的优点及缺点

1) 数控加工的优点

(1) 数控加工能够减少很多工艺装备 (简称工装)，加工复杂形状的零件、构件也不用相对复杂的工装。若需要更改零件、构件的形状和尺寸，仅需修改零件、构件加工程序，这很适合使用在新产品研制与改型方面。

(2) 数控加工的加工质量相对稳定可靠，其加工精度高，重复精度也高，能够适应航天、航空、火箭和导弹的加工要求。

(3) 对于品种多、批量小而复杂的制造工况，数控加工的生产效率相对比较高，能够减少制造准备、数控设备调整和工序检测的时间，还能够应用最优的切削用量而使得切削时间减少。

（4）数控加工能够加工用常规方法很难加工的复杂型腔面，还能加工部分不能观测到的加工位置。

2）数控加工的缺点

（1）数控设备成本高。

（2）数控加工对操作、机器维护人员的技术要求相对较高。

●●● 思考与练习

1. 机器人行业的发展方向和趋势是什么？

2. 机器人数控加工的应用前景是什么？

任务描述

陈工："小宋，你来看这台机器人数控加工出来的工件是否合格，试着分析分析。"

小宋摸了摸头，说："师傅，我对数控加工的评价标准不是很清楚。"

师傅摇了摇头说："看来你得好好再学习学习机器人数控加工的相关知识，我们想要更好地应用数控加工机器人，就要了解数控加工的评价标准；要了解数控加工的评价标准，还要熟悉不同类型的数控加工机器人，才能为后续确定加工工艺提供重要的依据。"

任务学习

一、数控加工机器人的分类

数控加工机器人主要分为两大类，一类是六轴关节数控机器人，另一类是桁架式机械手。下面分别讲述这两类数控加工机器人的特点。

1. 六轴关节数控机器人

六轴关节数控机器人是综合了人的特长和机器特长的一种拟人的电子机械装置，既有人对环境状态的快速反应和分析判断能力，又有机器可长时间持续工作、准确度高、抗恶劣环境的能力。从某意义上说，它是机器的进化过程中的产物，也是工业以及非产业界的重要生产和服务性设备，更是先进制造技术领域不可缺少的自动化设备。

使用六轴关节数控机器人可以降低废品率和产品成本，提高机床的利用率，降低工人误操作带来的残次零件风险等；它带来的一系列效益也十分明显，如减少人工用量、减少机床损耗、加快技术创新速度、提高企业竞争力等。机器人具有执行各种任务特别是高危任务的能力，比传统的自动化工艺更加先进。

2. 桁架式机械手

桁架式机械手又称为数控 CNC 机械手、机床机械手或数控车床机械手。桁架式机械手是一种模拟人手操作的自动机械，如图 1-4 所示。它可按固定程序抓取、搬运物件或操持工具完成某些特定操作。CNC 机械手可以代替人从事单调、重复、繁重的体力劳动，实现生产的机械化和自动化，代替人在有害环境下进行手工操作，改善劳动条件，保证人身安全。

图 1-4　桁架式机械手

桁架式机械手是一种建立在直角 X、Y、Z 三坐标系统基础上，对工件进行工位调整，或实现工件的轨迹运动等功能的全自动工业设备。其控制核心是通过工业控制器 (如 PLC、运动控制) 实现的。通过控制器对各种输入 (如各种传感器、按钮) 信号的分析处理，作出一定的逻辑判断后，对各个输出元件 (如继电器、电机驱动器、指示灯) 下达执行命令，完成 X、Y、Z 三轴之间的联合运动，以此实现一整套的全自动作业流程。

桁架机器人又可以分为单机版桁架机器人、双联机桁架机器人和多联机桁架机器人。

机械手由结构框架、X 轴组件、Y 轴组件、Z 轴组件、工装夹具以及控制柜六部分组成。

1) 结构框架

结构框架由立柱等结构件组成，结构件多由铝型材或方管、矩形管、圆管等焊接件构成。结构框架的作用是将各轴架空至一定高度。

2) X 轴组件、Y 轴组件和 Z 轴组件

X 轴组件、Y 轴组件和 Z 轴组件为桁架式机械手的核心组件，其定义规则遵循笛卡尔坐标系。各轴组件通常由结构件、导向件、传动件、传感器检测元件以及机械限位组件等

五部分组成。

(1) 结构件。结构件通常由铝型材或方管、矩形管、槽钢、工字钢等结构组成，其作用是作为导向件、传动件等组件的安装底座，同时也是机械手负载的主要承担者。

(2) 导向件。常用的导向件有直线导轨、V形滚轮导轨、U形滚轮导轨、方形导轨以及燕尾槽等，其具体运用需根据实际使用工况以及定位精度决定。

(3) 传动件。传动件通常有电动、气动和液压三种类型，其中，电动传动件有齿轮齿条结构、滚珠丝杠结构、同步带传动、链条传动以及钢丝绳传动等。

(4) 传感器检测元件。传感器检测元件通常两端采用行程开关作为电限位，当移动组件移动至两端限位开关处时，需要对机构进行锁死，防止其超程。此外，传感器检测元件还有原点传感器以及位置反馈传感器。

(5) 机械限位组件。其作用是在电限位行程之外进行刚性限位，俗称死限位。

3) 工装夹具

根据工件形状、大小、材质等，工装夹具有不同分类，其动作形式有真空吸盘吸取、卡盘夹取、托取或针式夹具插取等。吸盘如图1-5所示，夹钳如图1-6所示，工装台如图1-7所示。

图1-5 吸盘

图1-6 夹钳

图1-7 工装台

4) 控制柜

控制柜相当于桁架式机械手的大脑，通过工业控制器，采集各传感器或按钮的输入信号来发送指令给各执行元件，让其按既定动作执行。

二、数控加工机器人的评价标准

数控加工机器人属于一种数控设备。数控设备的评价指标有定位精度、速度、刚度和系统操控精度等。其中，最重要的是定位精度。

数控设备的定位精度是指数控设备各运动部件在数控系统控制下运动到目标位置的准确程度。数控设备的定位精度对加工零件的精度有直接的影响，因此对数控设备定位精度的评价相当重要。数控设备定位精度评价标准包括ISO标准、德国VDI3441标准、美国NMTBA标准和日本JIS标准，下面分别讲述四种标准的特点。

1. ISO 标准

ISO(International Organization for Standardization，国际标准化组织) 标准规定在标定数控设备的定位精度过程中，先在运动轴向上设定一些目标位置点，再测定这些目标位置点对应的一系列实际位置点的分布位置情况，每个目标点都呈现出正态分布的曲线，而这些曲线最上端和最下端相应位置曲线的展宽即为定位精度。因为存在反向量差，所以在双向靠近时发散度比较大，精度值也更大。因此，这种标定方法是基于最差定位精度的情形，包含了所有可能出现的情况。

ISO 标准评价指标主要有以下四个：

(1) 平均位置偏差：某一个目标位置处定位偏差的代数平均值。

(2) 反向差值：分别从不同方向接近目标位置点时的平均定位偏差的差值，在评价时需要用最大反向差值作为评价依据。

(3) 定位精度：轴向两端极限值的最大差值。

(4) 重复精度：目标位置处正态曲线的最大展宽，其大小取决于扩展不确定度的包含因子。例如，在 ISO230-2 标准中，标准不确定度的包含因子为 2，此包含因子可包含测定点中约 94.95% 的位置分布情况。

2. VDI3441 标准

德国数控设备制造企业乃至欧洲企业，基本上都采用德国 VDI3441 标准，其中的 VDI(Verein Deutscher Ingenieure) 为德国工程师协会的简称。此标准定位精度有四项指标：定位不确定度 (P)、定位发散度 (Ps)、反向量差 (U) 和位置偏差 (Pa)。此定位不确定度与 ISO 标准中的重复精度相似，均是计算目标位置点对应的实测位置点沿轴向正态分布曲线的最大展宽，唯一的区别是 VDI 标准将两条正态分布曲线合并计算，首先需取其平均值，通过六次平均标准差得出平均正态曲线，其次把反向量差乘以 1/2，此计算得出的每一半数值加到平均正态曲线的一端，因此这条合并的曲线称为发散度。然而需要注意的是 VDI 标准的包含因子 (3) 和 ISO 标准的不同。

VDI 标准评价指标主要有以下四个：

(1) 位置偏差 (Pa)：沿轴向的目标位置点与对应的实际位置点平均值之间的最大差值。

(2) 反向量差 (U)：和 ISO 标准的反向差值是一致的。

(3) 定位发散度 (Ps)：使用了反向差值计算得出的精度。

(4) 定位不确定度 (P)：当中用到的包含因子是 3。

3. NMTBA 标准

美国数控设备制造企业普遍采用 NMTBA(National Machine Tool Builder's Assn，美国机床制造协会) 标准。美国 NMTBA 标准与 ISO 标准差不多，而区别有两个地方：首先，NMTBA 标准是用正负值表示，而 ISO 标准和 VDI 标准是用绝对值表示，其绝对值和正负值的数值是相等的，仅是表述不同而已；其次，NMTBA 标准采用与滑动标尺相似的特点，这样精度就和轴的长度有关，而 ISO 标准中精度和轴的长度是不相关的。

NMTBA 标准评价指标主要有以下两个：

(1) 定位精度：此指标与 ISO 标准的相似。

(2) 重复精度：此指标与 VDI 标准的相似，有单向重复和双向重复两种。

4. JIS 标准

日本数控设备制造企业在标定数控设备的定位精度时采用 JIS(Japanese Industrial Standards，日本工业标准) 标准，一般采用 JIS B6201、JIS B6336 和 JIS B6338 标准之一。JIS B6201 普遍用于通用机床和普通数控机床，JIS B6336 普遍用于加工中心，JIS B6338 普遍用于立式加工中心。这三种标准在标定位置精度方面是基本一样的，在此以 JIS B6336 标准作为表述对象，主要考虑此标准相对较新，也相对较为精确。

JIS B6336 标准比前面表述的三种标准都相对简单，其精度没有前面三种准确，JIS 标准只要求进行一次双向测量操作，目标位置点与其相应的实际位置点之间的最大位置偏差为定位精度，而重复精度是指目标位置点的最大分散度。

JIS 标准评价指标主要有以下两个：

(1) 定位精度：实际位置与相应目标位置差值的最大值。

(2) 重复精度：在目标任意一点的相同方向上重复定位 7 次，其误差读数是用在目标位置点的最大分散度乘以 1/2，再用正负值表示。

综上所述，在上述四种标准中，ISO 标准和德国 VDI 标准都要比美国 NMTBA 标准和日本 JIS B6336 标准的精度要求高，且 ISO 标准和 VDI 标准的评价项目更加全面。这是由于 ISO 标准和 VDI 标准使用了数理统计方法，其计算数据相对更加科学合理，得出的数据也比较可靠。

比较 ISO 标准和 VDI 标准，由于 VDI 标准的反向差值应用在定位精度的计算方面，使得反向差值对评定定位精度有影响，故对于定位精度，VDI 标准相对 ISO 标准的要求高。此外，在重复精度方面，由于 ISO 标准包含因子为 2，覆盖了 94.45% 的位置分布情况，而 VDI 标准包含因子为 3，覆盖了 99% 的位置分布情况，因此对于重复精度，VDI 标准相对 ISO 标准的要求也较高。

●●● 思考与练习

1. 列出六轴关节数控机器人与桁架式机械手的区别。

2. 列出 ISO 标准评价指标，并作适当说明。

进阶篇

深入认识机器人数控加工

项目二
机器人数控加工规划

项目引入

小宋："师傅，听同事说我们厂的机器人已经安装和调试好了，前天我去那里看了看，但不了解这个机器人，无从下手。我们什么时候可以去应用这个机器人来开展生产呢？"

陈工："不能着急，工作都有一个先认识、再应用的过程。你们在对这个机器人不了解的情况下，贸然去操作可是违反厂里生产规定的。我给你们制订了一个详细的学习计划，先了解数控加工工装选用，再了解数控加工工艺规划，你们要按照计划开展学习，才能更好地掌握应用的方法。"

小马："打好基础才能更好应用。"

陈工："对！你们要认真学好工艺基础，后面要开展考核的哦。"

任务一　机器人数控加工工装选用

任务描述

根据师傅安排的学习计划，小宋现在开始着手学习机器人数控加工工装的选用。

小宋："师傅，数控加工工装种类比较多，这么复杂，我应该从哪儿开始学习呢？"看着眼前的数控加工工作站，小宋感觉有些无处下手。

陈工："机器人数控加工工作站的工装由刀具、电主轴、夹具、量具和辅具构成，其中数控加工刀具和数控加工电主轴两部分最为重要。因此，这两部分要分别展开来学习。现在先说说数控加工刀具的基本知识。刀具基本知识主要有四个方面的内容，分别是刀具种类、材质、夹持方式和切削参数设定。"

任务学习

一、数控加工刀具的基本知识与选用

在选择刀具的时候应考虑的主要因素有：

(1) 被加工工件的材料、性能，如金属或非金属，其硬度、刚度、塑性、韧性（抗冲击性能）、耐磨性及温度与材料的关系等。

(2) 加工工艺类别，如车削、钻削、铣削、镗削或粗加工、半精加工（二次粗加工）、精加工和超精加工等。

(3) 加工工件信息，如工件的几何形状、加工余量、零件的技术经济指标。

(4) 切削用量三要素，包括主轴转速、切削速度与切削深度。

(5) 其他辅助因素，如操作间断时间、加工振动、电力波动和突然中断等。

1. 数控加工刀具的要求

为了达到高效、多能、快换、经济的目的，数控加工机器人用的刀具应满足安装调整方便、刚性好、精度高、耐用度好等要求。

2. 数控加工刀具的分类

数控加工刀具可分为常规刀具和模块化刀具两大类。模块化刀具是目前的发展方向。发展模块化刀具的主要优点如下：

(1) 可减少换刀停机时间，提高生产加工时间。

(2) 可加快换刀及安装时间，提高小批量生产的经济性。

(3) 可提高刀具的标准化和合理化的程度。

(4) 可提高刀具的管理及柔性加工的水平。

(5) 可扩大刀具的利用率，充分发挥刀具的性能。

(6) 可有效消除刀具测量工作中的中断现象，同时可采用线外预调。

事实上，由于模块刀具的发展，数控加工刀具已形成了三大系统，即车削刀具系统、钻削刀具系统和镗铣刀具系统。

1) 按结构分类

(1) 整体式：这种结构是在刀体上做出切削刃。

(2) 镶嵌式：可分为焊接式和机夹式。机夹式根据刀体结构不同，分为可转位和不转位。

(3) 减振式：当刀具的工作臂长与直径之比较大时，为了减少刀具的振动，提高加工精度，多采用此类刀具。

(4) 内冷式：切削液通过刀体内部由喷孔喷射到刀具的切削刃部。

(5) 特殊型式：如复合刀具、可逆攻螺纹刀具等。

2) 按切削工艺分类

(1) 车削刀具。

(2) 钻削刀具。钻削刀具可分为小孔、短孔、深孔、攻螺纹、铰孔等刀具。

(3) 镗削刀具。镗削刀具可分为粗镗、精镗等刀具。

(4) 铣削刀具。

① 铣刀的分类。铣刀通常分为立铣刀、面铣刀、三面刃铣刀和螺纹铣刀四种，其中，立铣刀是机器人数控加工上用得最多的一种铣刀。立铣刀的圆柱表面和端面上都设置切削刃，可用于同时切削，也可单独切削。立铣刀结构有整体式和机夹式等。在数控加工机器人上应用的立铣刀主要有平头铣刀、球头铣刀和圆鼻铣刀。平头铣刀可用于粗铣来去除大量毛坯材料，还可用于精铣平整面（相对于陡峭面来说）的小倒角，见图 2-1。球头铣刀用于曲面半精铣和精铣，其中小刀可以精铣陡峭面或直壁的小倒角，见图 2-2。圆鼻铣刀用于曲面变化较小、狭小凹陷区域较少而平坦区域较多的粗铣。

图 2-1　平头铣刀　　　　　　　图 2-2　球头铣刀

② 铣刀的刃数。整体立铣刀按刃数有 2 刃、3 刃、4 刃、6 刃等常用规格。

③ 立铣刀的类型。立铣刀的常用类型有两种：

a. 第一种类型如图 2-3 所示，此类型刀具规格表示为"刀径　全长 × 刃长 × 柄径"，如刀径为 10 mm、全长为 70 mm、刃长为 18 mm、柄径为 10 mm 的立铣刀规格表示为"Φ10　70 × 18 × 10"。

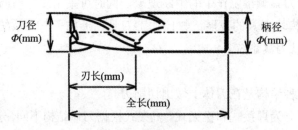

图 2-3　立铣刀类型一

b. 第二种类型如图 2-4 所示，此类型刀具规格表示为"刀径 × 有效长　全长 × 刃长 × 柄径"，如刀径为 1 mm、有效长为 12 mm，全长为 45 mm、刃长为 1.5 mm、柄径为 4 mm 的立铣刀规格表示为"Φ1 × 12　45 × 1.5 × 4"。

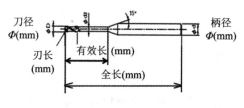

图 2-4　立铣刀类型二

④ 铣刀的加工工艺。

a. 粗加工和精加工。

铣削加工分为粗加工和精加工。粗加工采用大进给和尽可能大的切深，以便在较短时间内切除尽可能多的材料。粗加工对工件表面质量的要求不高。精加工时最主要考虑的是工件的表面质量而不是切削体积，通常采用小切深，刀具的副刀刃具有专门的形状。

b. 顺铣和逆铣。

选择顺铣时，切削厚度在加工时由最大逐渐减小到零；

选择逆铣时，切削厚度在加工时由零逐渐增加到最大。

c. 切削步距 (*Rd*) 与切深 (*Ad*)。

步距表示每行切削的宽度，在 PowerMill 软件中对应的是行距，如图 2-5 所示；

切深表示切削深度，在 PowerMill 软件中对应的是下切步距，如图 2-5 所示。

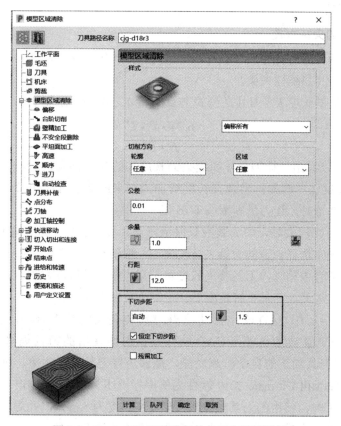

图 2-5　PowerMill 刀具路径的步距和切深设置

(5) 特殊型刀具。

特殊型刀具有带柄自紧夹头、强力弹簧夹头刀柄、可逆式（自动反向）攻螺纹夹头刀柄、增速夹头刀柄、复合刀具和接杆类等。

3) 按材料分类

在讲按制造材料分类之前，先了解刀具材料应具备的基本性能。

(1) 刀具材料应具备的基本性能。

① 硬度和耐磨性。

② 强度和韧性。

③ 耐热性。

④ 工艺性能和经济性。

(2) 刀具按照制造材料分类。

刀具按制造材料主要分为以下几类：

① 金刚石刀具。

② 立方氮化硼刀具。

③ 陶瓷刀具。

④ 涂层刀具。

⑤ 硬质合金刀具。

⑥ 高速钢刀具。

3. 数控刀具的夹持方式

常用的数控刀具的夹持方式有五种，分别是侧面锁定型夹头、卡盘型夹头、弹簧夹型夹头、液压型夹头和热缩性夹头。

数控刀具装夹的长度 L、刀具直径 D 与让刀量 δ 之间的关系如下：

$$\delta = \frac{6.74 \cdot P \cdot L^3}{E \cdot D^4} \tag{2-1}$$

从式 (2-1) 可以看出，让刀量 δ 和装夹的长度 L 的 3 次方成正比，让刀量 δ 和刀具直径 D 的 4 次方成反比。例如：当装夹长度增加为原来的 2 倍时，让刀量变成 8 倍；当刀径增加为原来的 2 倍时，让刀量则变成 1/16 倍。

当加工总深度比较大时，刀具装夹长度应延长，而延长应合理，避免影响加工刚性。要根据加工总深度来选择合适的刀具夹持长度，一般情况下，刀具夹持长度大于等于总加工深度，如曲面或者内槽时，刀具装夹长度可不用大于工件高度，也就是刀具夹持长度可小于总加工深度。因此，刀具夹持长度不一定等于总加工深度。

目前数控加工运用 CAD 软件自动检查刀具装夹长度是否合理，在加工时是否和工件发生碰撞。CAM 技术员使用 CAD 软件根据现场使用的刀具规格进行设定，应用 CAD 软件仿真中刀具加工的自动检测功能，能够进行刀具路径碰撞、过切检查。下面以 AutoCAD 的 PowerMill Ultimate 2019 软件为例进行讲述。在 PowerMill 软件中，当对简易鼠标工件毛坯加工时，使用的刀具夹持长度较短（长度为 5 mm），并对已经设置好的刀具路径进行碰撞检查，设置如图 2-6 所示。刀具路径碰撞检查出来，在工件深度 8.52 mm 处发现夹持部件碰撞，避免夹持碰撞需要的最小刀具伸出为 13.52 mm，可看出软件自动做出刀具夹持长度的调整，结果如图 2-7 所示。

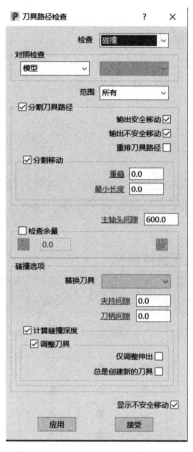

图 2-6　刀具路径碰撞检查设置

图 2-7　刀具路径碰撞检查结果

4. 数控刀具的加工冷却方式

数控刀具加工的冷却方式有三种，分别是水冷、油冷（含油雾式）和气冷，其中气冷是应用压缩空气进行冷却的方式，对工件不会污染，而噪声比较大，冷却效果较差，适用范围较窄，因此水冷和气冷最为常用，它们的优缺点如表 2-1 所示。

表 2-1　数控刀具加工常用冷却方式的优缺点

类　别	优　　点	缺　　点
水冷	1. 效果较好，可冲走加工产生的切屑； 2. 很适合深孔加工； 3. 冷却液能循环使用	1. 种类较多，效果不一样； 2. 会减少涂层刀具寿命； 3. 当主轴高速转动时，冷却液不好达到切削部位
油冷（含油雾式）	1. 能够延长涂层刀具寿命； 2. 当主轴高速运转加工时，可提高加工表面质量	1. 成本较高； 2. 油雾式不利于深孔加工，效果较差； 3. 使用油冷时有可能发生过热起火

5. 数控刀具磨损的判定

1) 在加工前进行刀具测量

(1) 使用千分尺测量刀具刃径及柄径；

(2) 用人眼观察，或使用 CCD 视觉设备监看刀刃磨损情况。

2) 在加工中或加工后观察工件质量

(1) 观察加工中产生的火花；

(2) 观察加工后的工件表面粗糙情况。

6. 数控刀具选用

1) 数控刀具材料的选用原则

目前广泛应用的数控刀具材料主要有金刚石刀具、立方氮化硼刀具、陶瓷刀具、涂层刀具、硬质合金刀具和高速钢刀具等。刀具材料牌号多，其性能相差很大。表 2-2 为各种刀具材料的主要性能指标。

表 2-2　各种刀具材料的主要性能指标

刀　具	高硬钢	耐热合金	钛合金	镍基高温合金	铸铁	纯钢	高硅铝合金	FRP 复合材料
PCD	×	×	◎	×	×	×	◎	●
PCBN	◎	◎	○	◎	◎	◎	●	●
陶瓷刀具	◎	◎	×	◎	◎	●	×	×
涂层硬质合金	○	◎	◎	●	◎	●	●	●
TiCN 基硬合金	●	×	×	×	◎	●	×	×
钨钢	●	◎	×	○	◎	●	●	◎

注 1：符号含义是：◎—优，○—良，●—尚可，×—不合适。

　　2：PCD 为聚晶金刚石刀具，FCBN 为聚晶立方氮化硼刀具。

　　3：FRP 为纤维增强复合材料 (Fiber Reinforced Polymer)。

2) 根据切削用量来判定选用

(1) 线速度的计算。线速度是刀具的外周刃在回转时，在单位时间 (如 1 min) 内能够前进的距离，单位为 m/min。线速度 V 的计算式如下：

$$V = \frac{\pi \cdot D \cdot N}{1000} \tag{2-2}$$

式中：D 为刀具的直径 (可简称刀径)，单位为 mm；N 为主轴转速，单位为 r/min。

(2) 进给速度计算。进给速度是指工作台在单位时间 (如 1 min) 内移动的距离，单位为 mm/min。进给速度分为切削进给速度 F 和下切进给速度 V_p，其计算公式分别如下：

$$F = f \cdot n \cdot N \tag{2-3}$$

$$V_p = K_p \cdot F \tag{2-4}$$

式中：f 为每刃的进给量，它和切削速度无关，是反映刀具负荷的指标，单位为 mm/刃；

n 为刃数；N 为电主轴转速，单位为 r/min；K_p 为进给率下切系数。

7. 数控刀具选用实践

根据机器人数控加工实际需求，选用合适的刀具，具体实践如下：

(1) 结合机器人数控加工需求，现加工毛坯材料为亚克力板，需要满足平面铣削的精加工，因此选用雕铣用刀具。考虑国产品牌，采用台湾 SGO 加长双刃铣刀，刀具材料为优质合金钨钢，很适合加工亚克力材质的工件。结合刀具的规格，刀柄直径有 $\Phi10$ mm、$\Phi8$ mm、$\Phi6$ mm、$\Phi4$ mm 等，包括平头铣刀和球头铣刀两种。

由于对亚克力板进行平面铣削精加工，故选用球头铣刀。

(2) 已知粗加工的工步所用刀具为球头双刃铣刀，刃数为 2，进给率下切系数为 0.25，通过工艺设计，该工步所需的下切进给速度为 750 mm/min。

根据式 (2-4) 可计算出切削进给速度 F 如下：

由 $V_p = K_p \cdot F$，得到

$$F = \frac{V_p}{K_p} = \frac{750 \text{ mm/min}}{0.25} = 3000 \text{ mm/min}$$

根据式 (2-3) 可计算出电主轴转速 N 如下：

由 $F = f \cdot n \cdot N$，得到

$$N = \frac{F}{f \cdot n} = \frac{3000 \text{ mm/min}}{0.25 \times 2} = 6000 \text{ r/min}$$

(3) 设计精加工工艺。该球头铣刀切削速度为 188.4 m/min，每刃的进给量为 0.25 mm/刃，根据上述求解得到的电主轴转速 N 为 6000 r/min，可根据式 (2-2) 求出需要的刀具直径 D。

由 $V = \frac{\pi \cdot D \cdot N}{1000}$，得到

$$D = \frac{1000V}{\pi \cdot N} = \frac{1000 \times 188.4 \text{ m/min}}{3.14 \times 6000 \text{ r/min}} = 10 \text{ mm}$$

由上所得，所需的球头铣刀直径为 10 mm。

在相应刀具的选型手册上选择对应的型号为 "$\Phi10$　75×30×10"，即对应 "刀径　全长 × 刃长 × 柄径"，刀径为 10 mm、全长 75 mm、刃长为 30 mm、柄径为 10 mm。

二、数控加工电主轴的基本知识与选用

1. 数控加工电主轴的定义与作用

数控加工电主轴属于机床主轴的一种。机床主轴指的是机床上带动工件或刀具旋转的轴。主轴部件通常由主轴、轴承和传动件（齿轮或带轮）等组成。在机床中主要用来支撑传动零件如齿轮、带轮，传递运动及扭矩，如机床主轴；有的用来装夹工件，如心轴。除了刨床、拉床等主运动为直线运动的机床外，大多数机床都有主轴部件。主轴部件的运动

精度和结构刚度是决定加工质量和切削效率的重要因素。

机床主轴根据驱动方式分为机械主轴和电主轴。

机械主轴是外置的电动机通过皮带或联轴器驱动主轴旋转，其根据结构形式可分为直联式机械主轴和皮带传动机械主轴。直联式机械主轴主要用于加工中心和数控铣床。皮带传动机械主轴主要用于加工中心、数控铣床、数控车床和内圆磨床。

电主轴 (high-frequency spindle) 在 JB/T 10801.1—2014《电主轴 第 1 部分：术语和分类》中的定义为：

集成电动机功能的主轴单元，即将电动机内置于主轴单元中，形成电动机、主轴一体化的精密轴系组件，代号 D。

电主轴通过内装式电动机直接驱动，能够把机床主传动链的长度缩短为零，实现机床的"零传动"，由于没有中间传动环节，有时又称它为"直接传动主轴"。电主轴具有结构紧凑、重量轻、惯性小、振动小、噪声低、响应快等优点，而且转速高、功率大、简化机床设计，易于实现主轴定位，是高速主轴单元中的一种理想结构。内装式电主轴主要用于加工中心、数控铣床、数控车床和内圆磨床，和皮带传动机械主轴的主要应用相似。

2. 电主轴部件的性能指标和优缺点

1) 电主轴部件的性能指标

衡量电主轴部件性能的指标主要是旋转精度、刚度和速度适应性。

(1) 旋转精度：电主轴旋转时在对加工精度有影响的方向上出现的径向和轴向跳动，主要由电主轴和轴承的制造和装配质量来决定。

(2) 刚度：主要由电主轴的弯曲刚度、轴承的刚度和阻尼来决定。

(3) 速度适应性：允许的最高转速和转速范围，主要由轴承的结构和润滑、散热条件来决定。

2) 电主轴电机内置及直接驱动的优缺点

(1) 电主轴电机内置及直接驱动的优点。

• 振动小，噪声低。电机内置及直接驱动能够减少因带轮或者齿轮传动在高速下加剧振动的问题，也减少噪音的产生，从而改善加工效果。

• 响应快，惯性小。高速加工需要快速准停，直接驱动会使转动惯量较小。

• 刚度大。电机内置能够提高主轴刚度，也提高了系统固有频率。

• 运行平稳，能够延长使用寿命。

• 结构紧凑。结构简单紧凑，有利于专业化生产。

• 转速高，功率大，适合高速加工。

(2) 电主轴电机内置及直接驱动的缺点。

电机内置不利于散热，需设有专业的冷却装置。

3. 电主轴结构、原理和融合技术

1) 电主轴结构

电主轴由轴壳、转轴、轴承和定子与转子等零件组成。

(1) 轴壳。轴壳是高速电主轴的主要部件。轴壳的尺寸精度和位置精度能够直接对主轴的综合精度产生影响。一般在轴壳上直接设计有轴承座孔。当加装电机定子时,电主轴必须一端开放。对于大型或特种电主轴,可将轴壳两端都设计为开放型。

(2) 转轴。转轴是高速电主轴的主要回转主体。转轴的制造精度能够直接对电主轴的最终精度产生影响,因此必须对转轴做严格动平衡测试。部分安装在转轴上的零件也需要随着转轴一起做动平衡测试。

(3) 轴承。高速电主轴的核心支承部件是高速精密轴承。由于电主轴的最高转速取决于轴承的大小、布置和润滑方法,因此这种轴承必须具有高速性能好、动负荷承载能力高、润滑性能好、发热量小的优点。

(4) 定子与转子。高速电主轴的定子由具有高导磁率的优质矽钢片叠压而成。转子是中频电机的旋转部分,它能够把定子的电磁场能量转换成机械能。转子由转子铁芯、鼠笼、转轴三部分组成。

2) 电主轴工作原理

高速电主轴电机的绕组相位互差120°,通入三相交流电后,三相绕组各自形成一个正弦交变磁场,这三个对称的交变磁场互相叠加,能够合成一个强度不变、磁极朝一定方向恒速旋转的磁场,磁场转速就是电主轴的同步转速。异步电动机的同步转速 n 由输入电机定子绕组电流的频率 f 和电机定子的极对数 p 决定。

$$n = \frac{60f}{p} \tag{2-5}$$

电主轴转速:通过变换输入电动机定子绕组的电流频率和激磁电压来获得各种转速。

电主轴转向:通过改变电主轴输入电流的相序,可以改变电主轴的旋转方向。

3) 电主轴融合技术

(1) 高速轴承技术:电主轴一般采用复合陶瓷轴承,耐磨且耐热,寿命是传统轴承的几倍;有时也采用电磁悬浮轴承或者静压轴承,由于内外圈不接触,因此理论上寿命无限。

陶瓷材料(主要指 Si_3N_4 工程陶瓷)由于具备密度小、弹性模量高、热膨胀系数小、耐磨、耐高温、耐腐蚀等优良性能,因此能够作为制造高速精密轴承的理想材料。由于陶瓷轴承的广泛应用,考虑到陶瓷材料的难加工性,因此多数精密陶瓷轴承的滚动体采用陶瓷内外套圈仍由铬钢制造的混合陶瓷球轴承。

(2) 高速电机技术:电主轴是电动机与主轴融合在一起的产物,电动机的转子即为主轴的旋转部分,理论上可以把电主轴看作一台高速电动机。电主轴关键技术是高速度下的动平衡技术。

(3) 润滑:电主轴的润滑一般采用定时定量油气润滑,也可以采用脂润滑,但会减弱

相应的速度。所谓定时，就是每隔一定的时间间隔注一次油。所谓定量，就是通过一个叫定量阀的器件，精确地控制每次润滑油的油量。而油气润滑，指的是润滑油在压缩空气的作用下被吹入陶瓷轴承。油量控制很重要，太少，起不到润滑作用；太多，在轴承高速旋转时会因油的阻力而发热。

(4) 冷却装置：为了尽快给高速运行的电主轴散热，通常对电主轴的外壁通循环冷却剂，冷却装置的作用是保持冷却剂的温度。

(5) 内置脉冲编码器：为了实现自动换刀和刚性攻螺纹，电主轴内置脉冲编码器，以实现准确的相角控制和进给的配合。

(6) 自动换刀装置：为了应用于加工中心，电主轴配备了自动换刀装置，包括碟形簧、拉刀油缸等。

(7) 高速刀具的装卡方式：圆锥接口 BT 刀柄、圆柱接口 ISO 刀柄的刀具不适合于高速加工，而适用于高速加工的刀具应采用 HSK 型、SK 型、ER 型等。

(8) 高频变频装置：要实现电主轴每分钟几万甚至十几万转的转速，必须用一高频变频装置来驱动电主轴的内置高速电动机，变频器的输出频率必须达到上千或几千赫兹。

4. 电主轴分类

电主轴按照用途，主要分为以下几类：

(1) 加工中心用电主轴。加工中心用电主轴主要用于数控铣床和加工中心机床，其具有高速、高精度、低速大扭矩特性，具有自动松拉刀功能，具有准速、准停、零速锁定功能。

(2) 数控车床用电主轴。数控车床用电主轴主要用于数控车床，具有高速、高精度、低速大扭矩特性；前后主轴端能安装相应的动力卡盘或旋转油缸，并实现自动松开与拉紧工件功能；具有定速性能以适应螺纹车削。

(3) 磨削用电主轴。磨削用电主轴主要用于表面磨削加工机床，以恒转矩电主轴为主，具有高速、高精度特性，具备高密封性。

(4) 钻削用电主轴。钻削用电主轴主要用于钻孔机床，包括印刷电路板钻孔机，其轴向刚性高，具有高速、高精度特性。印刷电路板钻孔用电主轴常用空气动静压轴承 (即气浮轴承)。

(5) 雕铣用电主轴。雕铣用电主轴主要用于高速雕刻和高速铣加工，适用于模具、轻金属及木工件、塑料件等加工，对小型模具加工及雕刻加工来说比较高效。

(6) 特殊用电主轴。特殊用电主轴主要用于用户有特殊需要的机床，适用于不同工况和安装条件，已广泛应用于车床、磨床、镗床等各种机床及其他各行业。

5. 电主轴型号

1) 型号组成

按照 JB/T 10801.1—2014《电主轴 第 1 部分：术语和分类》标准，电主轴型号由安装外径尺寸、用途分类、最高转速、轴承支撑和润滑方式、额定功率、改型等代号组成，如图 2-8 所示。

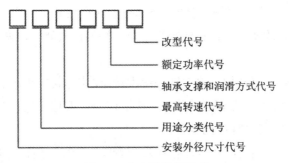

图 2-8　电主轴型号组成

(1) 安装外径尺寸代号用阿拉伯数字表示，单位为 mm。比如：安装外径尺寸为 24 cm，代号表示为"240"。

(2) 用途分类代号用大写拼音字母表示，见表 2-3。比如雕铣用电主轴，代号表示为"DX"。

表 2-3　用途分类代号

用途分类	加工中心用	数控车床用	磨削用	钻削用	雕铣用	拉辗用	切割用	离心机用	实验机用	其他用
代号	DXJ	DC	DM	DZ	DX	DN	DG	DL	DS	DQ

(3) 最高转速代号用最高转速的千分之一表示，单位为 r/min。比如最高转速为 12 000 r/min，表示为"12"。

(4) 轴承支撑和润滑方式代号用大写拼音字母表示，见表 2-4。比如油脂电主轴，表示为"Z"。

表 2-4　轴承支承和润滑方式代号

轴承支承分类	滚动轴承			空气动静压	液体动静压	磁悬浮
润滑方式	油脂	油雾	油气			
代号	Z	Y	Q	KQ	YT	CX

(5) 额定功率代号用阿拉伯数字表示，单位为 kW。比如额定功率为 12 000 W，表示为"12"。

(6) 改型代号可按拼音字母顺序给出，尽量避免使用定义过的字母。

2) 电主轴的型号示例

安装外径为 200 mm，最高转速为 10 000 r/min，额定功率为 12 kW 的第二次改型的磨削用油雾电主轴，标识如下：

200DM10Y12B

6. 电主轴基本参数

(1) 电主轴有以下基本技术参数：

转速：用 n 表示，电主轴一般为异步电动机。

输出功率：用 P 表示，一般随电源频率和电压而变化。

输出转矩：用 M 表示，主轴输出转矩求解公式见式 (2-6)。

额定转矩：表示负载能力，最大转矩表示电主轴的过载能力，最大转矩一般是额定转矩的 2 倍左右。

瞬间最大负载转矩：不能超过电主轴的最大转矩，工作转矩稍小于电主轴的额定转矩。

(2) 电主轴转矩和转速、功率的关系：恒转矩调速一般用于磨削用电主轴或者小型铣削用电主轴，注重考核高速时候的性能。

恒功率调速一般用于高速阶段，而在起步或者低速阶段采用恒转矩调速。

$$M = \frac{975P \times 9.8 \text{ N/kg}}{n} \tag{2-6}$$

(3) 电主轴的功率和转速：电主轴的功率和转速是受电主轴体积及轴承限制的，$D_m n$ (D_m 为轴承节圆直径，n 为旋转速度) 值是反映电主轴刚度和转速的一个重要的综合特征参数。$D_m n$ 值越大，其电主轴性能越高。一般 $D_m n$ 值 $< 1.2 \times 10^6$ 时，此类电主轴可采用油脂润滑；$D_m n$ 值 $> 1.2 \times 10^6$ 为高速或高速大功率电主轴，这类电主轴要求采用油雾润滑；$D_m n$ 值 $> 2 \times 10^6$ 的电主轴则必须采用油气润滑。对于 $D_m n$ 值恒定的电主轴来讲，n 越大，则 D_m 值越小，刚性越差。因此，在保证电主轴高转速的前提下，尽可能加大主轴的直径，提高其刚性，是电主轴技术发展方向之一。

(4) 电主轴的刚度和精度：电主轴的刚度和精度与电主轴的前后轴承的配置方式、主要零件的制造精度、选用滚动轴承的尺寸大小和精度等级、装配的技艺水平和预加载荷有关。

7. 电主轴选用

电主轴可按照以下步骤选用：

(1) 根据应用场合确认电主轴的大类，然后到电主轴手册中找到对应的大类。

(2) 根据负载工况和扭矩要求确定电主轴。

① 根据负载工况和扭矩要求，计算出需要的功率，以及此功率对应的转速。

② 在电主轴手册中找到满足功率、转速要求的电主轴型号。

③ 确定功率、转速，以及电主轴的外径。常用电主轴外径一般是 Φ80 mm、Φ100 mm、Φ120 mm、Φ140 mm 等。

(3) 确认需要的刀柄类型。同一种型号电主轴有几种刀柄类型可供选择。

(4) 确认是否需要刚性攻丝。若需要，可配相应编码器。

(5) 确认换刀方式。电主轴有自动和手动换刀两种方式。自动换刀方式须配拉刀机构，长度会增加。

(6) 确认电主轴冷却方式。冷却方式一般有自冷、风冷、水冷和油冷几种方式。风冷主要是早期几百瓦的小功率主轴，现在雕刻机基本上都使用的水冷式电主轴，功率大、噪声小。水冷用得最多，它是根据电主轴的发热量配相应功率的冷却水系统。冷却水不能用自来水或河水，需软化后才能接入电主轴。防止水套结垢，影响散热效能。

(7) 确认润滑方式。润滑方式一般有油脂润滑、油雾润滑、油气润滑。油脂润滑的电主轴转速相对比较低。油雾、油气润滑的电主轴转速高，但要配置相应润滑系统，安装使用比较复杂。

(8) 确认主电源电压。主电源电压一般为 AC380 V/220 V。

(9) 根据最高转速算出对应的频率。应选用最大频率满足要求的变频器。选择变频器功率要比主轴功率大些，这样能充分发挥电主轴的输出功率，比如 1.2 kW 电主轴配 1.5 kW 变频器，1.5 kW 电主轴配 2.2 kW 变频器。

8. 电主轴选用实践

根据机器人数控加工实际需求，选用合适的电主轴，具体实践如下：

(1) 结合机器人数控加工要求，需要满足平面和曲面铣削加工，因此选用雕铣用电主轴，考虑国产品牌，选用振宇品牌的雕铣用电主轴，查此品牌相应的选型手册。

(2) 使用变频器输入给电机定子绕组电流的频率 f 是 300 Hz，电机定子的极对数 p 是 1，假设额定转差率 S_N 很小，可忽略，已知所需的电主轴额定转矩 M 为 2.38 N·m。

已知额定转差率 $S_N = 0$，额定转速 $n_N = n_1 \cdot (1 - S_N)$，又由式 (2-5) 可得

$$n_1 = \frac{60f}{p}$$

则额定转速为

$$n_N = n_1 \cdot (1 - S_N) = \frac{60f}{p} \cdot (1 - S_N) = (60 \times \frac{300\ \text{Hz}}{1}) \times (1 - 0) = 18\ 000\ \text{r/min}$$

由式 (2-6) 可得

$$M = 975P \times \frac{9.8\ \text{N/kg}}{n_N}$$

$$P = M \cdot \frac{n_N}{975 \times 9.8\ \text{r/min}} = 2.38 \times \frac{18\ 000\ \text{r/min}}{975 \times 9.8\ \text{r/min}} = 4.48\ \text{kW}$$

由上所得，所需的电主轴转速是 18 000 r/min，功率是 4.5 kW。

在选型手册上选择对应的型号，电主轴规格表如表 2-5 所示，选择电主轴型号所在范围为 4.5 kW-ER32 带和 4.5 kW-ER32 不带。

表 2-5　电主轴规格表

产品型号	产品图片	夹头（螺母）	配套扳手	标配夹头	配套轴承
4.5 kW-ER32 带		ER32	32 和 UM32	6 mm	4 颗陶瓷球
4.5 kW-ER32 不带		ER32	32 和 UM32	6 mm	4 颗陶瓷球

相应地，可确定电主轴的尺寸为方形，整体尺寸为 135 mm × 148.35 mm × 327.5 mm，主体方形尺寸为 103 mm × 120.6 mm。

(3) 其他方面的选型。

① 选择电主轴带夹头螺母的形式夹持刀柄，对应型号为 EM32UM，夹持刀具范围为 3～20 mm。

② 根据需求确定不需要刚性攻丝，选择手动换刀，采用风扇冷却方式，适合 4.5 kW 小功率的电主轴。

③ 18 000 r/min 的电主轴为高速电主轴，可选择油气润滑的方式。

④ 主电源电压为 AC 220 V 或 380 V。

⑤ 已知电主轴最高转速 18 000 r/min，对应的频率为 300 Hz。

●●●● 思考与练习

1. 数控加工刀具材料应具备哪些基本性能？

2. 刀具材料的种类有哪些？请列举。

3. 衡量数控加工电主轴部件性能的指标主要是什么？

4. 安装外径为 25 mm，最高转速为 60 000 r/min，采用空气动静压轴承、额定功率为 250 W 的钻削用电主轴，试结合 JB/T 10801.1—2014 标准的规定，写出该电主轴代号。

任务二　　机器人数控加工工艺规划

任务描述

根据师傅安排的学习计划，小宋现在开始着手学习机器人数控加工工艺规划。

小宋："师傅，数控加工刀具和电主轴的基本知识，我已经完全掌握。接下来，我应该如何着手学习数控加工的工艺知识呢？"

陈工："要想充分掌握数控加工的工艺知识，首先就要知道什么是数控加工工艺，它包括哪些内容，以及工艺规划的作用，等等。"陈工说完给小宋了一份数控加工工艺文件就走了。小宋看着这密密麻麻的文字，不禁为难起来，但心想：相信自己可以的，加油！

任务学习

一、数控加工工艺

1. 数控加工工艺定义

数控加工工艺就是加工零件时所运用的各种方法和技术手段，包含确定数控加工的内容，分析工艺和处理零件图形的数据，制订工艺方案，确定工步和进给路线，选择或设计刀具、夹具和量具，确定切削参数，编写、校验和修改加工程序等。总的来说，数控加工工艺就是根据零件图样及工艺要求等原始条件，编制零件数控加工程序，并输入到数控机床的数控系统，以控制数控机床中刀具与工件的相对运动，从而完成零件的加工。

数控加工程序编程方法有手动编程和自动编程。手动编程即程序的全部内容是由人工按数控系统所规定的指令格式编写的。自动编程即计算机编程，以语言和绘画为基础的自动编程方法。无论采用何种编程方法，都需要有相应配套的硬件和软件。实现数控加工编程是关键，但光有编程是不行的，数控加工还包括编程前必须要做的一系列准备工作及编程后的善后处理工作。

2. 数控加工工艺内容

由于数控加工采用了计算机控制系统和数控机床，使得数控加工具有加工自动化程度高、精度高、质量稳定、生产效率高、周期短、设备使用费用高等特点。在数控加工工艺上与普通加工工艺相比也存在一定的差异。

数控加工工艺过程一般由一个或若干个顺次排列的工序组成。在一个工序中可能包含一个或几个安装，每一个安装可能包含一个或几个工位，每一个工位可能包含一个或几个工步，每一个工步可能包括一个或几个走刀。轴零件加工的工步和走刀图如图 2-9 所示 (图中尺寸单位为 mm，下同)。

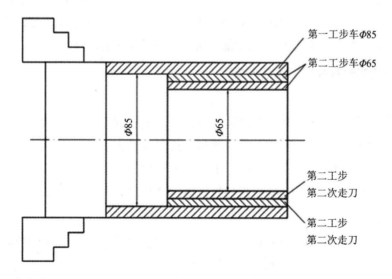

图 2-9　轴零件加工的工步和走刀图

总体而言，数控加工工艺一般有以下几个内容：

(1) 选择并确定进行数控加工的零件及内容；

(2) 对零件图纸进行数控加工的工艺分析；

(3) 数控加工的工艺设计；

(4) 对零件图纸的数学处理；

(5) 编写加工程序单；

(6) 按程序单制作控制介质；

(7) 程序的校验与修改；

(8) 首件试加工与现场问题处理；

(9) 数控加工工艺文件的定型与归档。

3. 数控加工工艺分析

(1) 尺寸标注应符合数控加工特点：在数控编程中，所有点、线、面的尺寸和位置都是以编程原点为基准的。因此零件图上最好直接给出坐标尺寸，或尽量以同一基准引注尺寸。

(2) 几何要素的条件应完整、准确：在程序编制中，编程人员必须充分掌握构成零件轮廓的几何要素参数及各几何要素间的关系。因为在自动编程时要对零件轮廓的所有几何元素进行定义，手工编程时要计算出每个节点的坐标，无论哪一点不明确或不确定，编程都无法进行。但由于零件设计人员在设计过程中考虑不周或忽略，常常出现参数不全或不清楚，如圆弧与直线、圆弧与圆弧是相切还是相交或相离。

(3) 定位基准可靠：在数控加工中，加工工序往往较集中，以同一基准定位十分重要。因此需要设置一些辅助基准，或在毛坯上增加一些工艺凸台。

(4) 统一几何类型或尺寸：零件的外形、内腔最好采用统一的几何类型或尺寸，这样可以减少换刀次数，还可能应用控制程序或专用程序以缩短程序长度。零件的形状尽可能对称，便于利用数控机床的镜像加工功能来编程，以节省编程时间。

4. 典型轴类零件数控加工工艺分析

1) 工作任务

某制造企业设计生产一种新型的轴类零件，在正式投入生产前一周内采用数控车床完成样件试制。技术人员在试制前需要分析零件图、合理制订加工工艺、编写数控设备加工程序，确定能否加工出符合要求的样件。其具体要求如下：

(1) 设计轴类零件的加工流程图；

(2) 对轴类零件进行零件图分析并制订加工工艺；

(3) 编写数控加工程序。

2) 设计轴类零件的加工流程

零件加工流程图如图 2-10 所示，包括分析零件图、选择数控设备、制订加工工艺、编写数控设备加工程序与零件精度检测。

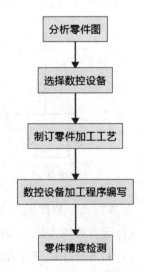

图 2-10 零件加工流程图

3) 分析零件图和制订加工工艺

(1) 分析零件图。

图 2-11 为轴类零件图，该零件结构比较简单，只需要两次装夹掉头加工就能完成，零件有外圆加工，此处的精度要求只有 0.04 mm，所以在加工过程中需要充分地考虑到装夹过程中的变形因素，要正确安排加工工艺，以防止变形导致的尺寸超差。因此，在加工过程中要合理安排装夹方式，选择合理的加工刀具，正确安排切削用量。

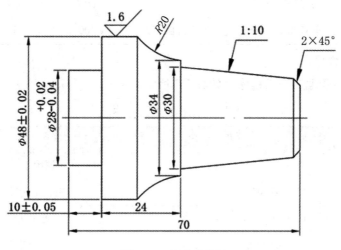

图 2-11　轴类零件图

(2) 制订加工工艺。

根据数控车床加工顺序安排基本原则，结合本零件安排工序为：下料至毛坯长度为 75 mm→夹持毛坯至 50 mm 处光端面和钻中心孔→夹持毛坯至 10 mm 处并用尾座顶尖顶住加工如图 2-12 所示的加工锥度和圆弧面→掉头夹持在 Φ48 圆柱面处车 Φ28 台阶面。具体工步表如表 2-6 所示。

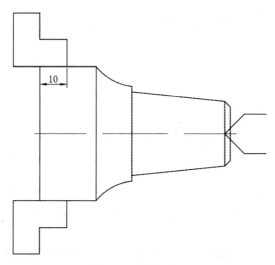

图 2-12　装夹示意图

表 2-6　轴类加工工步表

工序	工步号	工步内容	刀　具	转速 /(r/min)	进给 /(mm/min)	背吃刀量 /mm
1	1	车端面	端面刀	1300	100	1
	2	钻内孔中心孔	Φ3 中心钻	900	150	2
	3	车锥度和圆弧面	93°外圆车刀	800	120	2
2	1	车 Φ28 台阶面	93°外圆车刀	500	50	2

(3) 编制加工程序。

根据加工工步表编写加工程序，如表 2-7 所示。

表 2-7　轴类加工程序表

程序号	程　　序	备　注
N10	T0101	调用 1 号 35°外圆刀
N20	M03 S1200	主轴正转转速 1200 r/min
N30	G42 G00 X36 Z2 M08	建立刀具半径补偿
N40	G73 U10 R8	仿形粗车符合循环
N50	G73 P60 Q120 U0.1 W0.3	
N60	G01 X34 Z0 F100	
N70	G02 X48 Z-15.2 R20	
N80	G01 Z-26.2	
N90	X33.86 Z35.63	
N100	G02 X38.26 Z44.48 R6	
N110	G03 X40 Z-53 R5	
N120	G01 Z-55	
N130	X42	
N140	G70 P60 Q120 F120	精车
N150	G00 X100 Z50 M09	
N160	M05	主轴停止
N170	M30	程序结束，光标返回程序原点

(4) 零件精度检测。

根据零件图要求检测相关数据，把实际测量的数据填写于表 2-8 中。

表 2-8 零件尺寸精度表

零件名称	×××	图号	×××	检测人	×××		备注
尺寸精度	序号	公称尺寸/mm	表面粗糙度 Ra/μm	量具	检验结果		
					实测尺寸	表面粗糙度	
	1	$\Phi48$	1.6				
	2	$\Phi28$	3.2				
	3	$\Phi34$	3.2				

二、数控加工轨迹生产与优化

1. 数控高速加工轨迹要求

数控高速加工已成为现代数控加工的发展趋势，目前在航天、航空、汽车及模具等行业得到广泛应用。数控高速加工技术是采用高切削速度、高进给速度、小切深和小步距来提高加工精度和加工效率的方法。数控程序的编写人员必须熟悉加工工艺过程，在编制数控程序时必须首先确定合理的工艺过程，同时为了使高速加工能对毛坯进行直接数控加工，必须改进原有的加工方法。

高速条件下的刀具轨迹应该具有良好的平滑性，高的加工精度。数控高速加工刀具轨迹必须满足以下几点要求：

(1) 刀具不能碰撞任何工件、卡具等；

(2) 刀具轨迹必须光滑，轨迹变化不能过于剧烈；

(3) 加工过程引起的震动应在加工系统控制范围内；

(4) 进给速度能随着轨迹的曲率变化随时调整；

(5) 切削深度尽可能均匀。

为了满足数控高速加工的需求，目前数控加工都运用 CAD 软件作为辅助工具。这是因为 CAD 软件为加工的自动化和数控编码提供了一个很好的平台。在 CAD 软件中，CAM 的加工参数设置是一个比较复杂的步骤，包括加工路线的设定、生成刀具的加工轨迹、输出 NC 代码等。在这些内容中，生成刀具加工轨迹是十分关键的一个环节。

2. 数控高速加工轨迹优化

对于数控加工刀具轨迹的优化策略，下面以 AutoCAD 的 PowerMill 软件为例进行讲述。

1) 对临近零件轮廓的刀具路径为尖角过渡的优化

零件在数控加工时，如果临近零件轮廓的刀具路径是尖角过渡的，如图 2-13 所示。图中箭头所指的刀具路径呈现出尖角情况，不是圆角或者近似圆角过渡，会对刀具、工件及数控加工机器人造成一定程度的损害。

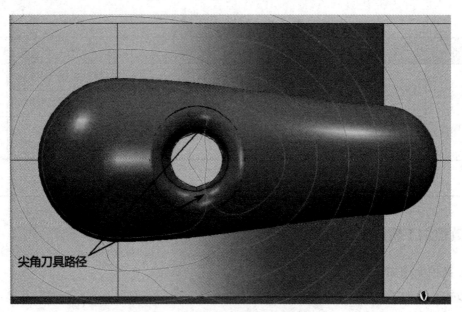

图 2-13　刀具路径为尖角过渡

　　使用 PowerMill 软件对以上尖角过渡的刀具路径进行优化，在高速加工中提供了一种策略，被称为轮廓光顺，即启用轮廓的圆弧拟合，避免外角方向发生急剧变化。其中策略里面的圆弧半径按照刀具直径的比例定义，使用刀具直径和一个乘数系数计算得出。在以上已确定刀具运动轨迹的情况下，使用高速加工策略中的轮廓光顺，选择半径为刀具直径的 0.2，即可对刀具路径轮廓进行光顺处理，如图 2-14 所示。

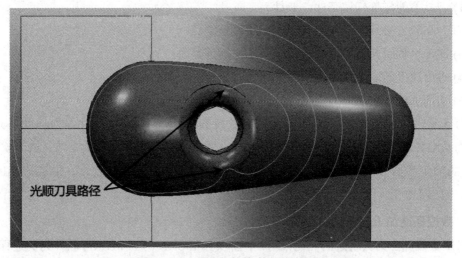

图 2-14　刀具路径的轮廓光顺效果图

　　2) 对远离零件轮廓的刀具路径为尖角的优化

　　对于远离零件轮廓的刀具路径为尖角的情况，如图 2-15 所示。这样会使得刀具在远离零件轮廓时的加工路径还是尖角，使刀具时快时慢，影响生产效率，也会影响刀具的寿命。

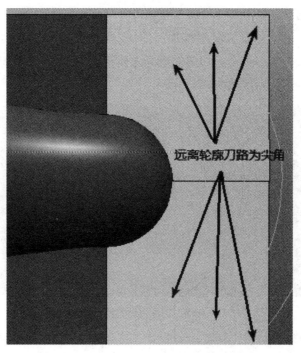

图 2-15　远离零件轮廓的刀具路径为尖角

使用 PowerMill 软件对以上情况进行优化，采用了 PowerMill 软件专有的高速加工策略，被称为赛车线光顺，即在防止刀具路径中的尖锐拐角造成的机床受力突然改变的情况下，将标准偏移替换为可实现更高进给率的偏移。此偏移会用圆角替换尖角，并将行距从固定距离更改为可变距离，设置指定行距的最大偏移百分比。对以上高速加工刀路，选择赛车线光顺策略，指定行距的最大偏移百分比为 40%，即可对远离零件轮廓的刀具路径进行光顺处理，效果如图 2-16 所示。

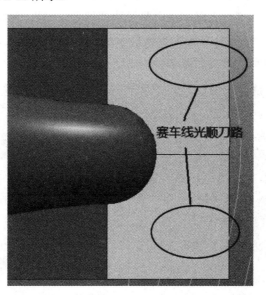

图 2-16　远离零件轮廓的刀具路径赛车线光顺效果图

3) 对零件狭小角落、狭长过道和狭窄槽的刀具路径的优化

零件狭小角落、狭长过道和狭窄槽加工的情况如图 2-17 所示。这样会使得刀具在加工时出现切削量增大甚至刀具全刃切削的情况，使得刀具过载，易出现刀具寿命急剧减少甚至折断情况，也会影响生产效率。

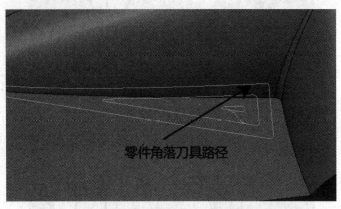

图 2-17　零件狭小角落加工

使用 PowerMill 软件对以上情况进行优化，采用了 PowerMill 软件专有的高速加工策略，被称为摆线移动，即在刀具路径中增加摆线，限制刀具过载移动，减少刀具的侧吃刀量，延长刀具寿命，节省加工成本。使用摆线需定义刀具所能承受的百分比，也就是摆线移动中的"最大过载"系数。

摆线移动中的"最大过载"系数是一个启用摆线刀路的触发值，类似于气动控制系统中压力阀功能，就是当实际切削行距超出了设定的启用摆线刀路的行距值时，就会在相应的加工位置插入摆线刀路。例如零件加工时的行距设置为 15 mm，刀具所能承受的百分比为 20%，则设置刀具所能承受超出的行距设定值为 3 mm，而实际加工时行距超过 18 mm 时，就会在这个位置增加摆线刀路解决刀具过载的问题。对以上高速加工刀路，选择摆线移动策略，行距设置为 5 mm，指定刀具所能承受的百分比为 10%，即可对零件角落的刀具路径进行摆线移动处理，效果如图 2-18 所示。

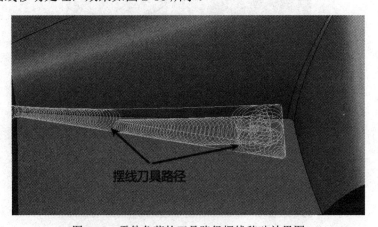

图 2-18　零件角落的刀具路径摆线移动效果图

1. 数控加工工艺内容有哪些?

2. 以一个轴类零件为例,完成零件精度检测表的填写。

3. 数控高速加工刀具轨迹必须满足哪几点要求?

4. 以 AutoCAD 的 PowerMill 软件为例说明刀具轨迹的优化策略主要有哪些。

项目三
机器人数控加工工作站布置

项目引入

小宋："师傅，我已经掌握了数控加工工装选用与加工工艺规划，现在是不是可以直接上手开启机器人数控加工工作站进行操作了？"

陈工："小宋，你只是掌握了数控加工方面的知识，对机器人数控加工工作站总体布局与各机械部分仍不知其作用。要想达到如臂使指的程度，还需要去了解工作站总体的布局。"

小宋："好的，师傅。"

任务一　机器人数控加工工作站总体规划

任务描述

小宋："机器人数控加工工作站的硬件主要是由机器人与数控加工设备两大部分构成的，因此需要逐个去认识，这样就可以了解工作站总体的布局了。但是，仅仅了解硬件，不懂其意义也是不得其意，所以还得去了解其意义。"

陈工："对的。"

任务学习

一、机器人数控加工工作站总体布局

机器人数控加工工作站是典型的机电一体化装置，它综合运用了机械与精密机械、微

电子与计算机、自动控制与驱动、传感器与信息处理以及人工智能等多学科的最新研究成果。随着经济的发展和各行各业对自动化程度要求的提高，数控加工机械手技术得到了迅速发展，出现了各种各样的数控加工机械手产品。工作站由 FANUC 机器人、空气压缩机、数控加工电主轴、工业吸尘器、数控加工工作台、合金刀具、电控柜等装配而成。机器人数控加工工作站的总体布局如图 3-1 所示。

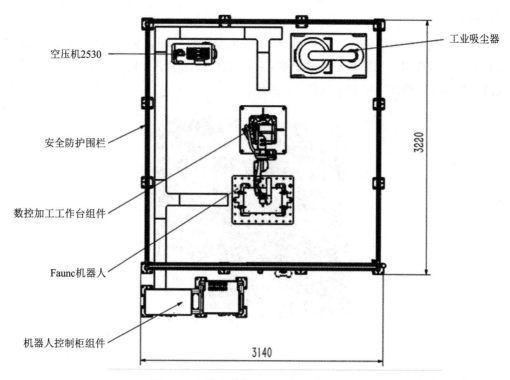

图 3-1　机器人数控加工工作站总体布局

图 3-1 是一个教学用的机器人数控加工工作站，能够实现机器人抛光、打磨及数控加工等教学功能，也具有一定的柔性加工功能，具备适应加工多品种产品的灵活性。虽然说普通数控机床柔性化高于传统的通用机床，但是效率低下；而传统的机床，虽然效率高，但是对零件的适应性差、刚性大、柔性差，很难适应市场经济下激烈竞争带来的产品频繁改型。而机器人数控加工工作站只要改变程序，就可以在数控平台上加工新的零件。相比于传统数控加工机床，机器人数控加工工作站有以下优势：

(1) 对操作员的要求低：一个普通数控机床的高级工程师，不是短时间内可以培养出来的；而一个数控加工工程师的培养时间很短，数控工程师在机器人数控加工工作站上加工出的零件比普通工在传统机床上加工的零件精度高、时间少。

(2) 降低了劳动强度：数控加工工程师在加工工件过程中，大部分时间都在加工过程之外，非常省力。

(3) 加工产品质量稳定：机器人数控加工工作站采用自动化加工，摒弃了传统普通数控机床加工产品可能造成的人为误差，提高了产品的质量。

(4) 加工效率高：一个工件从前期设计到程序编辑再到加工工件，所需的时间比传统普通数控加工机床加工工件的时间要短，而且机器人数控加工工作站可以更换刀具，以满足不同工件的加工要求，提高加工效率。

二、机器人数控加工工作站的硬件

1. 机器人

本项目采用 FANUC 机器人 M-10iD/12，由机器人和外部传感器与电动执行元件的配合实现机器人数控加工功能，再通过机器人本身的控制程序进行相应的流程控制，完美地实现对工件的加工要求。机器人如图 3-2 所示。

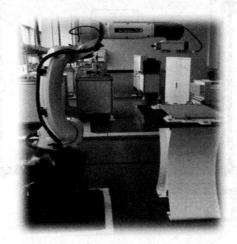

图 3-2　机器人

2. 空气压缩机

本项目采用上海捷豹 2530 型无油静音空压机（空气压缩机）。该空压机以卧式布置，机箱结构紧凑，占地面积小，效率高，振动小，使用方便，灵活轻巧。该空压机配合除尘枪的使用，使刀具及工件的清洁更加高效、方便。空气压缩机如图 3-3 所示。

图 3-3　空气压缩机

3. 数控加工电主轴

本项目采用振宇方形风冷电主轴。该主轴具有结构紧凑、重量轻、惯性小、噪声低、响应快等优点，而且转速高、功率大，易于实现主轴定位，是高速主轴单元中的理想结构。其轴承采用复合陶瓷轴承，耐磨耐热，寿命是传统轴承的几倍。电主轴如图 3-4 所示。

图 3-4　电主轴

4. 工业吸尘器

本项目采用凯德威 DL1280 工业吸尘。该吸尘器吸力大，工作效率高，具有缺相、过载、漏电保护功能。小型工业吸尘器的体积适用于工作区域狭小且不断有灰尘产生的场所，可固定安装在大型设备上作为固定吸尘装置。桶身采用不锈钢制作，坚固耐用，桶壁光滑易清理，耐高温，耐撞击。马达采用独立的风冷方式，可连续工作。强劲的涡轮马达保证吸力不变，有 3 层过滤系统，创新的 FPPR8200 过滤器是以多元酯材质制作的，不织布的 FP3100 过滤器过滤面积达到 $3100\ cm^2$。双重的高效保护保证了排出空气的干净，配有手动振尘功能，当过滤器被堵塞而吸力不足时只需要轻轻地晃动振尘杆，即能将过滤器清理得干干净净。本工作站能将吸尘口固定在机器人末端工具上，吸尘器吸尘管可随机器人末端一起动作，对机器人工作过程中产生的粉尘进行实时吸附，保证了工作环境的干净。工业吸尘器如图 3-5 所示。

图 3-5　工业吸尘器

5. 数控加工工作台

数控加工工作台是为加工的工件提供一个高度、大小合适的固定平台，方便机器人工作。其底座部分采用钢板焊接后表面喷塑处理，高 850 mm，台面采用 800 mm × 600 mm 的多孔板，整体采用膨胀螺栓与地面固定，工件在工装上固定夹紧后通过销钉固定在工作台上。本工作台安装方便，可适用各种形式的工装夹具快速安装、拆卸、更换。数控加工工作台如图 3-6 所示。

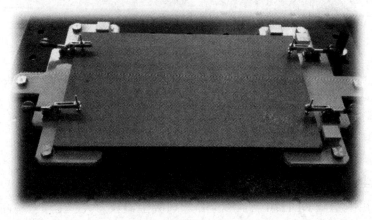

图 3-6　数控加工工作台

6. 合金刀具

本项目采用台湾 SGO 加长双刃铣刀，材料为优质合金钨钢，具有硬度高、坚韧抗断、耐磨性好等优点；刀柄直径为 $\Phi6$ mm、$\Phi4$ mm，包括平头铣刀和球头铣刀两种类型，通过更换不同刀具可加工不同材质（如亚克力板、密度板、红木、硬木、黄花梨木等）的工件，以适应不同的加工要求。合金刀具如图 3-7 所示。

图 3-7　合金刀具

7. 电气控制柜

电气控制柜安装所有电路控制所需的电气元件以及操作平台，控制整个工作站的动作流程。其箱体和门材料为钢板，浸涂底漆，外表面经粉末涂层，织纹；安装板材料为钢板，门四周带有密封圈，锁具材料为锌压铸件，控制柜防护等级为 IP66，控制柜整体尺寸为 600 mm × 1000 mm × 250 mm，安装板尺寸为 535 mm × 955 mm × 3 mm；安装有急停开关、指示灯、操作按钮等，可对整个工作站的供电、运行、指示等进行控制。电气控制柜如图3-8所示。

图 3-8　电气控制柜

8. 工作站总体布局

机器人数控加工工作站采用最新的工业机器人技术和自动化技术，将工业机器人技术和自动化技术相融合，可以充分学习工业机器人技术和应用，全面了解工业机器人在数控加工上的运用。该实训工作站采用 FANUC 机器人，雕刻机电主轴，配合 ROBOGUIDE 仿真软件，通过配套设备，实现不同的教学实训。

思考与练习

1. 未来机器人行业的发展方向和趋势是什么？
2. 机器人数控加工工作站对机器人单体的基本要求是什么？
3. 机器人精度、刚性及结构对操作安全的影响是什么？

任务二　机器人数控加工工作站安装

任务描述

小宋："了解整体工作站的布局后，可以着手机器人数控加工工作站安装了，知道工作站安装分为机械安装和电气安装两大部分，但具体安装是做什么呢？"

陈工："小宋，这正是需要你去现场认真了解工作站安装总体要求、工作站机械安装和电气安装两部分内容，只有了解清楚了才能做下一步的调试工作。"

小宋："我知道了。"

任务学习

一、机器人数控加工工作站安装总体要求

机器人数控加工工作站安装的总体要求：机器人工作范围区不能受到干涉，机器人控制柜安装位置方便操作，摆放不能对机器人和工作平台有干涉，工作平台应固定牢靠，确保稳定。连接线接头连接需牢固，安全接地，气管接头密封工作到位。

机器人数控加工工作站安装分为机械安装和电气安装两部分。工作站机械安装涉及FANUC 机器人、空气压缩机、工业吸尘器、数控加工工作台、电气控制柜和安全防护屋 (铝型材)。工作站电气安装涉及线路连接，主要是电线和气管的连接。

二、机器人数控加工工作站机械部分安装

1. FANUC 机器人安装

机器人与基座采用螺钉紧密固定，使其稳固性加强。基座与地面采用膨胀螺栓牢牢固定，使机器人在运行阶段不会发生晃动而导致设备与人身的损伤，如图 3-9 所示。

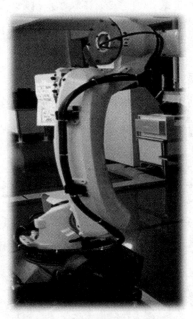

图 3-9　FANUC 机器人安装

2. 空气压缩机安装

空气压缩机底部配有轱辘（轮子），可手动拖动变换位置，如图 3-10 所示。

图 3-10　空气压缩机安装

3. 工业吸尘器安装

将工业吸尘器直接放置在工作站内不影响机器人运行的位置，放置在地面即可，如图 3-11 所示。

图 3-11　工业吸尘器安装

4. 数控加工工作台安装

根据工作站总体布局图规划的位置进行安装，测量好横向尺寸和纵向尺寸，使用膨胀螺栓牢牢固定，加强其稳定性，如图 3-12 所示。

图 3-12　数控加工工作台安装

5. 电气控制柜安装

电气控制柜放置于围栏安全屋外，方便进行数控加工的相关操作。电气控制柜用膨胀螺栓进行固定，如图 3-13 所示。

图 3-13　电气控制柜安装

6. 安全防护屋安装

安全防护屋采用铝型材、铁丝网、钢化玻璃搭建装配而成。它装有推拉门并设有自动运行报警装置；地脚采用膨胀螺栓固定，四周高度采用激光水平仪进行测量。

三、机器人数控加工工作站电气部分安装

对于机器人数控加工工作站电气部分的安装，需要了解安装之前的注意事项，按照电气接线图连接工作站各个设备的电线，按照信号接线图连接 PLC 和各设备的信号线，安装施工过程中需要按照设备安全接线要求来开展，确保工作站电气部分安装安全可靠。

1. 安装前要求

电气线路连接操作人员必须为专业人员，要持有电工证，进入现场必须穿（戴）好劳动防护用品。线路上禁止带负荷接电或断电，禁止带电操作等。所有绝缘、检验工具应定期检查、校验。

2. 按照电气接线图连接

根据主电路和各设备的电气接线图进行接线。

设备间的连接线原则上不能有接头，导线和电器元件之间的压接螺丝必须确保牢固，其压线方向应正确，所有连接的二次线（也叫控制线）必须布置恰当，排列整齐，导线两端应带有明显标记和编号的标号头。关于导线的色别，三相电源线和单相电源线不同，不同电压级别也有所差异，分别阐述如下：

(1) 三相电源线 (380 V) 的 L1—黄色，L2—绿色，L3—红色，N—蓝色，保护接地线 (Protecting Earthing，简称 PE 线) 一般为黄绿相间的双色线，工作零线一般为蓝色或者黑色。

(2) 单相电线 (220 V) 火线为红色，零线为蓝色。

(3) 24 V 电源线的 +24 V 或 P24 为红色或棕色、0 V 或 N24 为蓝色。

连接已整理好的导线与电器元件的端子，同一端子上的连接导线最多两根，固定螺钉应都配置平垫圈和弹簧垫圈。工作零线和保护线连接应用螺栓固定在汇流排上，不能采用直接并头铰接的方式。分支回路排列的位置在汇流排上应与开关或熔断器位置相对应。

配管安装时，要和装配、电气、控制检测等相关人员保持密切的联系，遵守现场安全规则施工。

机器、配管、接头（弯头、三通、法兰等）连接部和管子的连接面要完全接合。配管和法兰的连接面要成直角。配管完成之后，进行气密性试验，对软管、接头等进行线路确认，并要保证没有泄漏。

3. 按照信号接线图连接

机器人数控加工工作站采用西门子 PLC 模块协调控制各设备，按照 PLC 和各设备的信号接线图进行信号连接。一般西门子模块有供用户接线的可拆卸连接器；要防止连接器松动，要确保连接器固定牢靠并且导线被牢固地安装到连接器中；一般要求从导线剥去大约 6 mm 的绝缘层，以确保连接正确；为避免损坏连接器，不要将螺丝拧得过紧。

4.设备安全性接线要求

(1) 设备的每个电气装置都必须单独、有效接地。设备接地有以下作用:

① 在电气装置发生故障时,可以确保人员安全,防止发生触电事故。

② 在电气装置发生故障时,能够迅速切断电源,防止故障进一步扩大。

③ 可以防止电器被干扰,要求接地线不能串联布线,需要对每个电器元件进行单独布线,在接地排上集中连接(如伺服电机、驱动器以及周边辅助设备),同时屏蔽线也必须有效接地。其中的机器人控制柜接地如图 3-14 所示,机器人底座接地如图 3-15 所示。

图 3-14 机器人控制柜接地　　　　　　图 3-15 机器人底座接地

(2) 设备电控柜要做好密封。电控箱密封如图 3-16 所示。

图 3-16 电控箱密封

① 在设备安装使用时，防止金属粉尘或油进入电控柜造成电器短路而导致电器元件损坏。

② 安装设备时，尽量让所有的电线在电控柜底部进出，以防止电控柜顶部有异物掉进柜内。

(3) 在设备电线或气管穿过设备薄板时，需在薄板开口位置加上保护胶套。

① 可以防止电线、气管在薄板边被割破后导致电气管裸露而造成人员触电、漏气。

② 在设备任何位置存在可能对电线、气路割破、磨损的隐患时，这些位置的电线和气路都必须加上保护套。

(4) 设备布线的注意事项。

① 电线或气管外围需要增加防护，防止电线或气管被磨损；电线或气管在使用时会存在活动的情况，要设置充分的活动空间和对其足够的防护。

② 设备外围的电气线路都需采用护套线或穿管进行防护，禁止出现导线裸露的状况。

③ 设备的动力线路和信号线路布线尽量分开，避免出现信号被干扰的情况，模拟量传感器、高频信号线路都使用高质量的双绞屏蔽线缆。

(5) 所有外围设备要采用快速接头连接。

① 外围设备和主控箱的连接线缆使用快速插拔装置，以方便设备维修。

② 外围设备采用航空插头，确保航空插头带电端必须为母头。

(6) 电控柜和气控柜要分开，防止在电控柜安装气动元件。

① 可以避免气管发生爆裂或排气情况而影响电气元件的使用安全，单独电控柜如图3-17 所示，单独气控柜如图 3-18 所示。

② 保证柜内电线、气管布线规范和安全，整齐和美观，走线要使用线槽。

单独电控柜

图 3-17　单独电控柜

图 3-18   单独气控柜

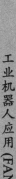 **思考与练习**

1. 在机器人运动半径允许的情况下，机器人数控加工工作站有没有更合适、方便操作的安装位置。

2. 简要阐述机器人数控加工工作站线路连接的要求。

3. 简要阐述设备安全性接线要求。

项目四
机器人数控加工工作站控制

项目引入

　　小宋："终于可以上手操作机器人数控加工工作站了，师傅，我已经迫不及待了。我要操作机器人进行加工了！"

　　陈工："小宋，且慢！虽然你已经了解了工作站总体布置的硬件知识，但机器人的控制指令，数控加工的控制指令，你了解了吗？你会用吗？能够熟练融合机器人与数控设备的代码转换了吗？年轻人，要沉住气，要谨记"懂""化""透"三字！先去熟悉两种设备的各自控制指令吧！"

　　小宋："哦，知道了，师傅。"

任务一　　机器人数控加工工作站调试

53

任务描述

　　小宋："师傅，下一步是不是要进行机器人数控加工工作站调试了？"

　　陈工："是的。"

　　小宋："那调试的主要内容是什么？"

　　陈工："在机器人数控加工工作站中，最为典型的指令为动作指令，包括机器人的动作指令和数控加工设备的控制指令。通过在动作指令的基础上，添加简单的控制指令，配合加工，即可完成典型的机器人数控加工的程序。"

一、机器人数控加工程序的编辑

1. 机器人程序

机器人的程序由机器人作业动作相应的指令及附带信息组成。通过相应的指令可以驱动机器人、设置与读取机器人 I/O 指令，实现对机器人与外部设备的控制沟通等功能。

机器人创建程序是在示教器上完成的，FANUC 机器人示教器键控开关面板见图 4-1，创建程序涉及的部分键控开关面板按键的功能说明如表 4-1 所示。

机器人创建程序的步骤如下：

(1) 按 SELECT(程序选择) 键，按 F2 创建程序；

(2) 创建程序的名称；

(3) 按 ENTER 键；

(4) 选择"详细"，则可查看或编辑程序的详细信息。

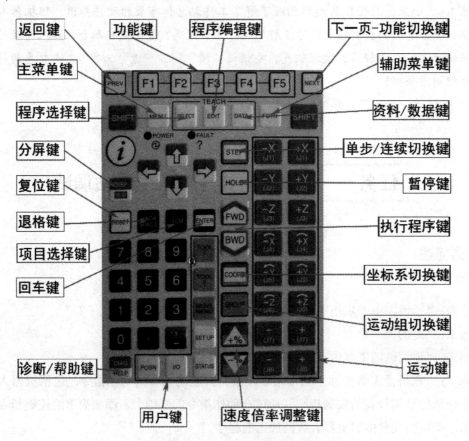

图 4-1　FANUC 机器人示教器键控开关面板

表 4-1　创建程序涉及的部分键控开关面板按键的功能说明

按　　键	功　　能
F1　F2　F3　F4　F5	功能 (F) 键用来选择界面最下方的功能键菜单
NEXT	NEXT(翻页) 键用来将功能键菜单切换到下一页
SELECT　EDIT　DATA	SELECT(一览) 键用于显示程序一览界面； EDIT(编辑) 键用于显示程序编辑界面； DATA(数据) 键用于显示数据界面
SHIFT	SHIFT 键与其他按键同时按下时，可以进行点动进给、位置数据的示教、程序的启动等操作
-%　+%	倍率键用来变更速度倍率
FWD　BWD	FWD(前进) 键、BWD(后退) 键与 SHIFT 键同时按下时，用于程序的启动；程序执行中松开 SHIFT 键时，程序暂停执行
STEP	STEP(单步 / 连续) 键用于测试运转时的断续运转和连续运转之间的切换
PREV	PREV(返回) 键用于使显示返回到之前进行的状态。根据操作，有的情况下不会返回到之前的状态显示
ENTER	ENTER(回车) 键用于输入数值和选择菜单
BACK SPACE	BACK SPACE(退格) 键用于删除光标位置之前的一个字符或数字
← → ↑ ↓	光标键用于移动光标

机器人的程序详细信息主要由程序名、子类型、注释、组掩码、写保护、忽略暂停、堆栈大小等信息构成。机器人程序如图 4-2 所示。

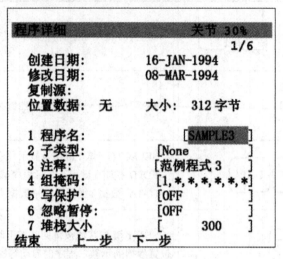

图 4-2　机器人程序

2. 机器人的基本指令

在本机器人数控加工工作站中，机器人的控制主要使用基本指令与常用的控制指令。机器人基本指令主要是动作指令，而控制指令则为机器人的 I/O 指令。

动作指令，顾名思义，是指以操作人员指定的移动方式和移动速度使机器人以理想的状态到达指定位置的控制指令。

动作指令的语句中包含的信息主要有机器人的程序行号、机器人的运动类型、位置数据、移动的速度、定位类型及动作附加指令等。机器人的动作指令构成如图 4-3 所示。

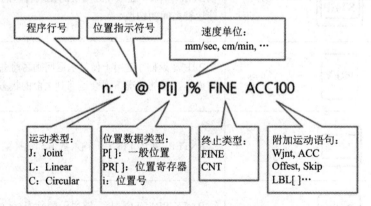

图 4-3　机器人的动作指令构成

FANUC 机器人移动方式主要有关节动作 "J"、直线动作 "L"、圆弧动作 "C" 及圆弧动作 "A"，下面分别介绍。

•J(Joint)：关节动作，即工具在两个指定点之间任意运动，不进行轨迹控制和姿态控制的一种移动方法。关节动作如图 4-4 所示。

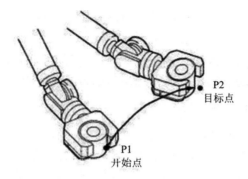

图 4-4 关节动作

· L(Linear)：直线动作，即工具在两个指定点之间沿直线运动，从动作开始点到动作结束点以线性方式对刀尖点移动轨迹进行控制的一种移动方法。直线动作如图 4-5 所示。

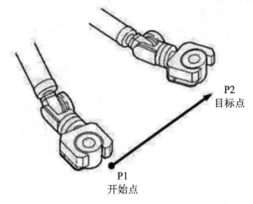

图 4-5 直线动作

· C(Circular)：圆弧动作，即工具在三个指定点之间沿圆弧运动，从动作开始点通过经由点到结束点以圆弧方式对刀尖点移动轨迹进行控制的一种移动方法。Circular 圆弧动作如图 4-6 所示。

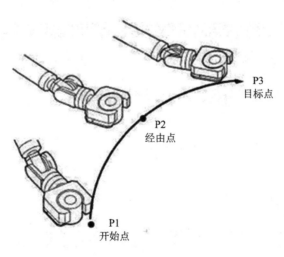

图 4-6 圆弧动作

·A(Circle Arc)：C 圆弧动作，即指定的点之间沿圆弧运动，由连续的 3 个 C 圆弧动作指令 (A) 连接而成进行圆弧动作的一种移动方法。

下面以创建一个名为 RSR0001 的程序为例，进行 FANUC 程序的创建与机器人程序起点 HOME 点的创建来展开。

1) 创建程序并新建 HOME 点

(1) 单击 SELECT(一览) 按键进入程序界面。

(2) 选择 F2(创建) 创建程序，输入程序名 (程序名以大写字母开头)。创建程序界面如图 4-7 所示。

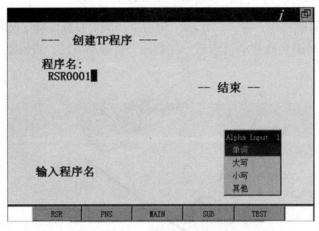

图 4-7　创建程序界面

(3) 程序创建完成记录 HOME 点。

(4) 记录 HOME 位置 P[1]。

(5) 进入程序界面，按 SHIFT + F1(点) 键，把当前位置记录下来并生成动作指令。

(6) 将光标移至位置号上，选择 F5(位置) 键，再选择 F5(形式) 键，然后选择关节进入位置信息界面，直接输入 HOME 位置数据。位置信息界面如图 4-8 所示。

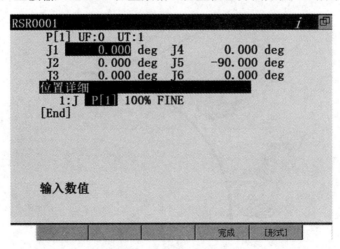

图 4-8　位置信息界面

2) 删除和复制程序

(1) 按 SELECT 键，显示程序目录界面。

(2) 移动光标选中要删除的程序名。

(3) 按 F3(DELETE) 键出现"是否删除？"的提示，按 F4(是) 键即可删除所选程序，如图 4-9 所示。

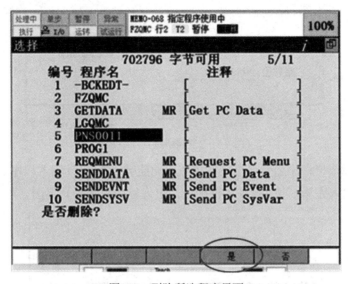

图 4-9　删除所选程序界面

(4) 按 SELECT 键，显示程序目录界面，如图 4-10 所示。

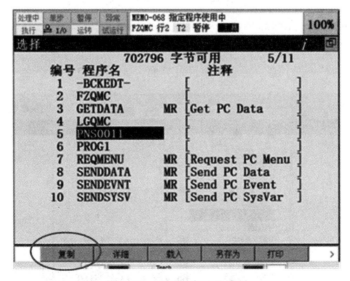

图 4-10　显示程序目录界面

(5) 移动光标选中要被复制的程序名。

(6) 若功能键中无"复制"项，则按"下一页"键切换功能键内容。

(7) 单击"复制"，复制所选程序界面如图 4-11 所示。

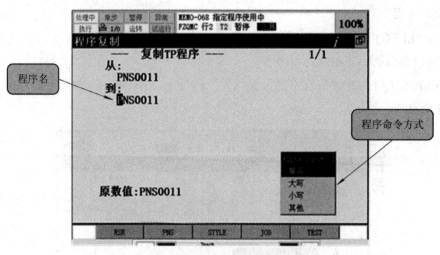

图 4-11 复制所选程序界面

(8) 移动光标选择程序名命名方式,再使用功能键 (F1~F5) 输入程序名。

(9) 程序名输入完毕,按 ENTER 键确认,出现复制程序确认界面,如图 4-12 所示。

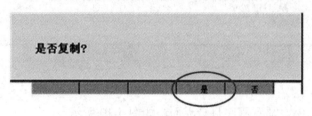

图 4-12 复制程序确认界面

(10) 按 F4(是) 键,完成操作。

3) 查看程序属性及编辑界面

(1) 按 SELECT(一览) 键,显示程序目录界面,如图 4-13 所示。

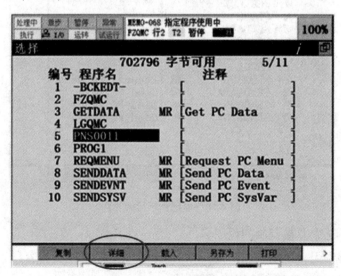

图 4-13 显示程序目录界面

工业机器人应用 (FANUC)

(2) 移动光标选中要查看的程序。

(3) 若功能键中无"详细"项，按 NEXT 键切换功能键内容。

(4) 按 F2(详细) 键，程序详细显示界面如图 4-14 所示。

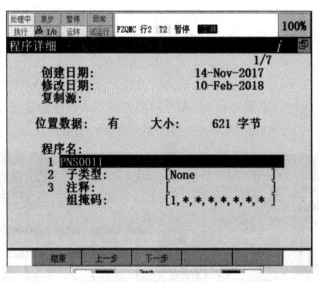

图 4-14　程序详细显示界面

(5) 把光标移至需要修改的项，按 Enter 键或 F4(选择) 键进行修改。

(6) 修改完毕，按 F1(结束) 键，回到 SELECT 界面。

(7) 编辑界面如图 4-15 所示。

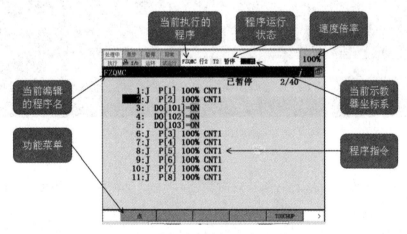

图 4-15　编辑界面

4) 程序运行方法

(1) 在材料上可随意示教机器人的位置轨迹。

(2) 按 SHIFT + F1 POINT(点) 或者 F1 POINT(点) 键记录该位置。

(3) 示教并记录完所有位置后，选择 STEP，按 SHIFT + FWD 键单步运行程序。

(4) 取消 STEP 模式，按 SHIFT + FWD 键连续运行程序。

3. 数控加工程序

数控加工 (Numerical Control Machining) 是在数控机床上进行零件加工的一种工艺方法。数控机床加工与传统机床加工的工艺规程从总体上说是一致的，但也发生了明显的变化。数控加工是用数字信息控制零件和刀具位移的机械加工方法，它是解决零件品种多变、批量小、形状复杂、精度高等问题和实现高效化和自动化加工的有效途径。

数控加工程序由若干程序段组成，程序的开头是程序名，由结束指令结束程序。(本例基于广数 GSK980—TD 系统进行) 广数系统的数控车床程序的建立过程是：按"编辑"按钮→输入程序号→按 ENTER 键→进入数控编程界面，如图 4-16 所示。

图 4-16　数控编程界面

4. 数控加工指令

数控加工指令主要包括 G 代码、M 代码、F 代码、T 代码及 S 代码，不同代码具有相应的功能，如机床启停、切削、定位、刀具更换、润滑、速度给定等。例如以下程序：

O0001；程序名	
N10　G90 G00 X50.0 Y60.0 S300；	绝对值编程，快速定位
N20　T0100 M03；	换 1 号刀，刀具补偿为 0，开机
N30　G01 X10.0 Y50.0 F150；	直线插补
...	
N110 M30；	程序结束指令

在这一段程序中，开头的"O0001"是整个程序的程序名或者程序号，它由地址码 O

和四位数字构成。在每个独立的程序中都应有独立的程序号，作为识别与调用的标签。

每个程序段以程序段号"N××××"开头，用";"表示程序段结束（有的系统用 LF、CR 等符号表示），每个程序段中有若干个指令字，每个指令字表示一种功能，所以也称功能字。功能字的开头是英文字母，其后是数字，如 G90、G01、X100.0 等。一个程序段表示一个完整的加工工步或加工动作。

程序段格式是指一个程序段中指令字的排列顺序和表达方式。目前数控系统广泛采用的是字地址程序段格式。字地址程序段格式由一系列指令字或称功能字组成，程序段的长短、指令字的数量都是可变的，指令字的排列顺序没有严格要求。各指令字可根据需要选用，不需要的指令字以及与上一程序段相同的续效指令字可以不写。字地址程序段的一般格式为

N_ G_ X_ Y_ Z_ …F_ S_ T_ M_；

其中，N 为程序段号字，G 为准备功能字，X、Y、Z 为坐标功能字，F 为进给功能字，S 为主轴转速功能字，T 为刀具功能字，M 为辅助功能字。

下面以数控车床加工一个 Φ30 mm 的圆锥工件为例，进行编程说明。圆锥体工件如图 4-17 所示。

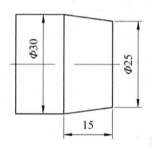

图 4-17　圆锥体工件

1) 加工工艺分析

该工件切削部分是一个圆锥，切削余量不大，外圆车刀一次加工即可，此外没有其他技术要求。确定主轴转速为 800 r/min，进给速度为 0.15 mm/r(120 mm/min)。

2) 加工步骤分析

先让刀具快速从换刀点移动到工件切入点，切入点应与毛坯有一段距离，防止刀具和工件接触，将刀具损坏；然后加工圆锥，横向退刀；最后快速回换刀点，程序结束。

3) 加工用刀、夹、量具

刀具：90° 外圆车刀 T01 号刀。

夹具：三爪卡盘。

量具：一般精度游标卡尺即可。

4) 加工程序

以广数系统为例，加工程序表如表 4-2 所示。

表 4-2 加工程序表

程 序	备 注
O1215;	程序名
G90 G98;	选定每分钟进给（或每转进给）以绝对值编程
M03 S800 F120;	设定转速与进给速度
T0101;	选定 1 号刀具，启用工号刀具补偿
G0 X100 Z100;	快速移动到换刀点
M00;	暂停，检验换刀点是否正确
G0 X32 Z2;	快速靠近进刀点
G1 X26 Z0;	进刀至外圆切入点
G1 X30 Z-15;	加工圆锥
G1 X32 Z-15;	X 向退刀
G0 X100;	X 向快速退刀
Z100;	Z 向快速退刀
M05;	主轴停止
M30;	程序停止

目前市面上介绍数控编程知识的教材与教学视频较多，具体的程序创建过程就不再赘述。本节重点主要放在数控加工程序转换为机器人加工程序上。

二、机器人数控加工程序的调试

本书所使用的机器人是由 FANUC 公司制造的 M-10iD/12，该型号的机器人可搬运质量达 12 kg，可达半径为 1441 mm，重复定位精度为 ±0.04 mm。机器人采用整体式管线，所有管线全内置，防护能力增强，适用于打磨、数控加工及激光切割等。并且与同类型机器人相比，M-10iD/12 的运动速度更快，精度更高。

要实现机器人的数控加工，比如打磨、去毛刺等工件表面加工的应用，利用示教编程是较难完成的。因为对打磨、去毛刺等连续作业存在复杂轨迹线的工作而言，示教关键点的增多、机器人姿态复杂多变都对示教编程发出了巨大的挑战。所以，一般面对轨迹复杂的场合，可以采用离线示教编程的方式获取"Part"的三维模型信息编写程序，如采用 ROBOGUIDE 离线编程软件的"模型 - 程序"转换功能。

ROBOGUIDE 软件针对复杂轨迹的生成，在"Part"的基础上还提供了轨迹绘制与轨迹自动规划的功能。以数控加工"天"字为例，如图 4-18 所示，需要注意天字加工的材料应为泡沫、塑料、木材等较容易加工的材料。

图 4-18　数控加工"天"字

数控加工功能灵活，程序不固定，借助于机器人数控加工工作站，需要根据工件加工位置来进行程序编辑。下列程序作为参考，仅用于了解数控加工的流程，学习程序的编辑。

数控加工程序（本环节中完整程序详见本书电子资源）如下：

主程序 PNS0011：

```
1: CALL HOME ;
2: CALL TIAN ;
3: CALL HOME ;
```

机器人起始安全位 HOME：

```
1: J PR[1] 100% FINE ;
```

子程序 TIAN：

```
1: J PR[1] 15% FINE ;
2: UFRAME_NUM[GP1]=3 ;
3: UTOOL_NUM[GP1]=1 ;
4: J P[1] 15% FINE ;
5: J P[268] 10% FINE ;
6: DO[101]=ON ;
7: WAIT  1.50(sec) ;
8: DO[101]=OFF ;
9: J P[2] 10% FINE ;
10: L P[3] 50mm/sec CNT100 ;
 ⋮
273: L P[267] 50mm/sec FINE ;
274: DO[102]=ON ;
275: WAIT  1.50(sec) ;
276: DO[102]=OFF ;
277: L P[266] 50mm/sec FINE ;
278: J PR[1] 25% FINE ;
[END]
```

按照上述步骤，将所有的"天"字的笔画轨迹程序编写出来。(此处程序行数较多，详细程序可见本书电子资源。)在编写完成并确认程序无误后，先让机器人空运行一遍，确保机器人所走的轨迹无其他干涉，最后上机调试。

本次程序在手动运行无误后，将通过 PNS 远程启动的方式进行机器人自动加工"天"字程序。机器人配备了 8 个专用远程输入信号 PNS1～PNS8(UI[9]～UI[16]) 和 2 个脉冲信号 UI[17]、UI[18]，如图 4-19 所示，可以启动"PNS + 四位数字"的 TP 程序，PNS1～PNS8 组成 8 位二进制数，可以搜索 255 个程序。

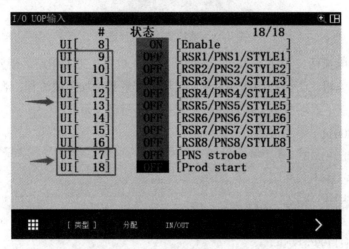

图 4-19　专用远程输入信号和脉冲信号

假设将基数设置为 0，将 UI[9] 和 UI[10] 同时置位 ON，触发 PNS1 和 PNS2 信号，8 个信号的状态共同组成了二进制数 00000011，得到十进制数 3，与基数 0 相加并用 0 补齐四位，得到程序号码 0003，即可选择 PNS0003 程序。选择目标程序流程图如图 4-20 所示。

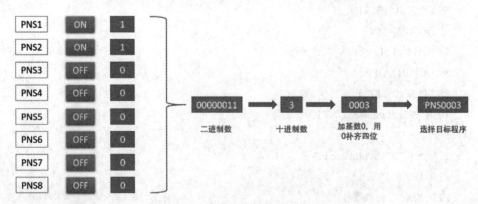

图 4-20　选择目标程序流程图

PNS0011 程序的调用步骤如下：首先将控制柜模式开关置于"自动模式"，示教器开关置于 OFF，非单步执行状态，工作站控制台模式开关置于"自动模式"(自动运行灯亮起)。工作站控制台设置如图 4-21 所示。

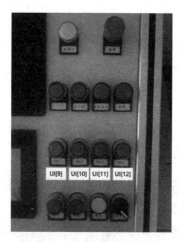

图 4-21　工作站控制台设置

　　然后，根据 PNS 程序调用的方式，把 UI(9)、UI(10) 与 UI(12) 三个按钮按下，其他不变，即可选中 PNS0011 程序。最后根据控制柜上的按钮指示按下确认程序按钮，再按启动程序，可使机器人自动运行 PNS0011 程序。

　　在机器人首次执行自动程序时，操作者仍需要时刻关注机器人运行的状态。如若不对，应及时停止机器人的运行，保证人员与设备的安全。

🔵🔵🔵🔵 思考与练习

　　1. 每条程序语句后边的"定位类型"CNT 能否修改为 FINE？为什么？
　　2. 指令 DO[102] 控制的是哪里？能否在程序运行时打开它？

任务二　机器人数控加工工作站控制设置

任务描述

　　小宋："师傅，工作站调试完了，是不是就可以运行了？"
　　陈工："不行，还要进行工作站运行前的设置。"
　　小宋："工作站控制设置都有哪些主要内容呢？"
　　陈工："在机器人数控加工工作站中，运行模式有两个，一个是手动运行模式，另一个是自动运行模式。而在企业实际应用中，离不开自动运行模式。除了运用基本指令编程之外，对于数控加工复杂的工况和运行轨迹编程来说，还需要运用寄存器指令、I/O 指令、条件比较指令、条件选择指令、等待指令、跳转/标签指令、调用指令、循环指令、偏移指令、工具坐标系调用指令、用户坐标系调用指令及其他指令来编程。"

任务学习

一、机器人数控加工工作站程序自动运行

机器人手动运行时需要操作示教器，手动运行模式适用于程序的试运行与测试。在实际工业生产中，必须采用自动运行模式。

自动运行指的是外部设备通过信号或者信号组来选择与启动程序的一种方式，主要有RSR和PNS两种，如表4-3所示。

表4-3　自动运行方式

自动运行方式	程序选择信号	程 序 数
RSR	UI[9]~UI[16]	8
PNS	UI[9]~UI[16]	255(1~255)

1. 操作面板启动

(1) 以在程序列表中选择并重命名的 PNS0011 程序为例，设置为操作面板启动，启动条件如下：

① TP 开关置为 OFF；

② 控制柜模式开关置为 AUTO；

③ 非单步执行状态；

④ UI[1]~UI[3]、UI[8] 为 ON；

⑤ 自动模式为本地控制 (MENU →系统→配置→ 43 远程/木地设置→选择本地)。

(2) 按 RESET 复位报警。

(3) 按 SELECT 进入程序列表，选择 PNS0011 程序，按控制柜面板上的 CYCLE START 按钮启动所选中的程序。

2. 远端控制启动

1) RSR 模式：要求外部信号启动程序 RSR000n

(1) 将 PNS0011 重命名为 RSR000n；

(2) 设置 RSR 模式：

① 依次按 MENU →设置→程序选择，弹出程序选择界面；

② 程序选择模式选择 RSR，按 F3(详细)，进入 RSR 设置界面 (如果把 PNS 模式改成 RSR，需要重启控制柜)；

③ 光标移到最后的记录号码处，输入数值 n，把禁用改为启用；

④ 光标移到基准号码处，输入基准号码 0。

(3) 满足远端控制启动的条件：

① TP 开关置为 OFF；

② 控制柜模式开关置为 AUTO；

③ 非单步执行状态；

④ UI[1]~UI[3]、UI[8] 为 ON；

⑤ UI 信号设为有效 (MENU → 系统→配置→ 7 专用外部信号→设为启用)；

⑥ 自动模式为远程控制 (MENU → 系统→配置→ 43 远程 / 本地设置→选择远程)；

⑦ 系统变量 $RMT_MASTER 为 0(MENU → 系统→变量→ $RMT_MASTER 为 0)。

(4) 通过操作面板上的按钮将 UI[9] 置 ON，启动程序。

2) PNS 模式：要求启动程序 PNS000n

(1) 将 RSR000n 重命名为 PNS000n；

(2) 设置 PNS 模式：

① 依次按 MENU →设置→程序选择，弹出程序选择界面；

② 程序选择模式选择 PNS，如果把 RSR 模式改成 PNS 模式，需要重启控制柜；

③ 按 F3(详细)，进入设置界面；

④ 光标移到基准号码处，输入基准号码 0。

(3) 满足远端控制启动的条件：

① TP 开关置为 OFF；

② 控制柜模式开关置为 AUTO；

③ 非单步执行状态；

④ UI[1]~UI[3]、UI[8] 为 ON；

⑤ UI 信号设为有效 (MENU → 系统→配置→ 7 专用外部信号→设为启用)；

⑥ 自动模式为远程控制 (MENU → 系统→配置→ 43 远程 / 本地设置→选择远程)；

⑦ 系统变量 $RMT_MASTER 为 0(MENU → 系统→变量→ $RMT_MASTER 为 0)。

(4) 通过操作面板上 PNS1~PNS4 按钮选择程序，然后按下 UI[17] 和 UI[18] 按钮启动该程序。

二、机器人控制指令参数设置

对于数控加工复杂的工况和运行轨迹编程，需要运用寄存器指令、I/O 指令、条件比较指令、条件选择指令、等待指令、跳转 / 标签指令、调用指令、循环指令、偏移指令、工具坐标系调用指令、用户坐标系调用指令及其他指令来编程。

1. 控制指令类型

(1) 寄存器指令：Registers；

(2) I/O 指令：I/O；

(3) 条件比较指令：IF；

(4) 条件选择指令：SELECT；

(5) 等待指令：WAIT；

(6) 跳转 / 标签指令：JMP/LBL；

(7) 调用指令：CALL；

(8) 循环指令：FOR/END FOR；

(9) 偏移指令：OFFSET；

(10) 工具坐标系调用指令：UTOOL_NUM；

(11) 用户坐标系调用指令：UFRAME_NUM；

(12) 其他指令。

2. 寄存器指令：Registers

(1) 寄存器支持"+""–""*""／"四则运算和多项式，常用的寄存器类型如图 4-22 所示。

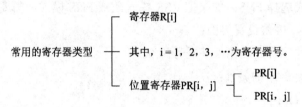

图 4-22　常用的寄存器类型

(2) 寄存器 R[i] 的类型如图 4-23 所示，R[i] 支持的数学运算如图 4-24 所示。

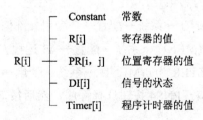

图 4-23　R[i] 的类型

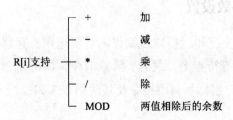

图 4-24　R[i] 支持的数学运算

(3) 位置寄存器 PR[i] 的类型如图 4-25 所示。

$$
位置寄存器
\begin{cases}
PR[i] \\
PR[i,\ j]
\end{cases}
$$

图 4-25　PR[i] 的类型

位置寄存器是记录位置信息的寄存器，可以进行加减运算，用法和寄存器类似。PR[i, j] 的要素 j 在直角坐标 Lpos 和关节坐标 Jpos 下的对应表如表 4-4 所示。

表 4-4　PR[i，j] 的要素 j 在直角坐标 Lpos 和关节坐标 Jpos 下的对应表

位置寄存器要素 j	Lpos(直角坐标)	Jpos(关节坐标)
j = 1	X	J1
j = 2	Y	J2
j = 3	Z	J3
j = 4	W	J4
j = 5	P	J5
j = 6	R	J6

(4) 查看寄存器值。

① 查看数值寄存器的值。

a. 按 DATA 键，再按 F1 功能键对应 TYPE(类型)(简写为 F1 TYPE，其他类同)，出现如图 4-26 所示的界面。

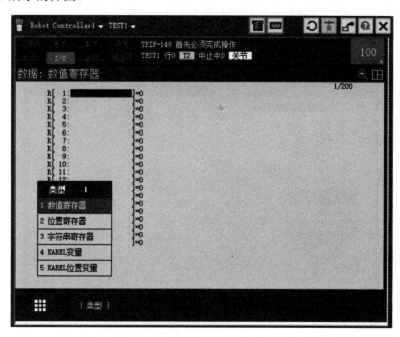

图 4-26　按 F1 TYPE(类型) 出现的界面

b. 移动光标选择 Registers(数值寄存器)，按 ENTER 键，出现 Registers 的界面，如图 4-27 所示。

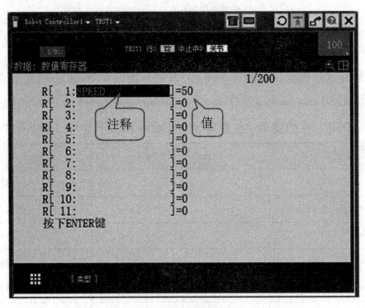

图 4-27　Registers(数值寄存器) 的界面

c. 把光标移至寄存器号后，按 ENTER 键，输入注释。

d. 把光标移到值处，使用数字键可直接修改数值。

② 查看位置寄存器的值。

a. 按 Data 键。

b. 按 F1 TYPE(类型) 键，出现如图 4-28 所示的界面。

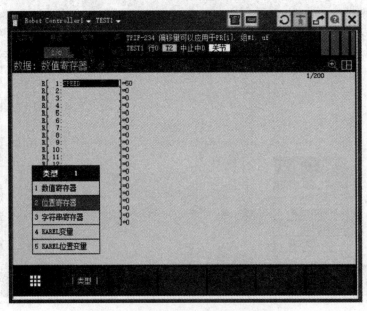

图 4-28　按 F1 TYPE(类型) 出现的界面

c. 移动光标选择 Position Reg(位置寄存器)，按 ENTER 键，出现 Position Reg 的界面，如图 4-29 所示。

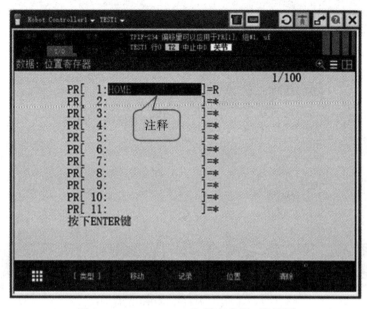

图 4-29　Position Reg(位置寄存器) 的界面

d. 把光标移至寄存器号后，按 ENTER 键，输入注释，如图 4-29 所示。

e. 把光标移到值处，按 F4 POSITION(位置) 键，显示具体数据信息 (若值显示为 R，则表示记录具体数据；若值显示为 *，则表示未示教记录任何数据)。

f. 按 F5 REPRE(形式) 键 (见图 4-30)，移动光标到所需要的项并按 ENTER 键，如图 4-31 所示，或通过数字键切换数据形式 (Cartesian 表示正交，Joint 表示关节)。

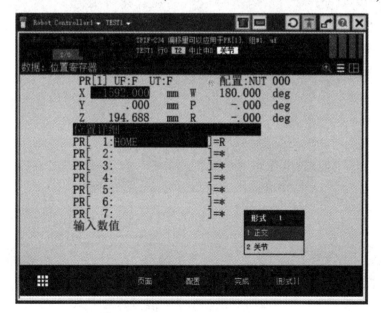

图 4-30　按 F5 REPRE 键出现的界面

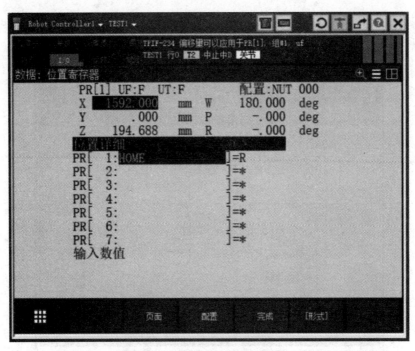

图 4-31 按 ENTER 键出现的界面

g. 切换为关节形式，需要确认在现在有效的工作坐标上被变换，即这个坐标系示教时使用的坐标系，如确认是就单击继续，如确认否则返回 MENU 设置合适的坐标系 (见图 4-32) 把光标移至数据处，可以用数字键直接修改数据，如图 4-33 所示。

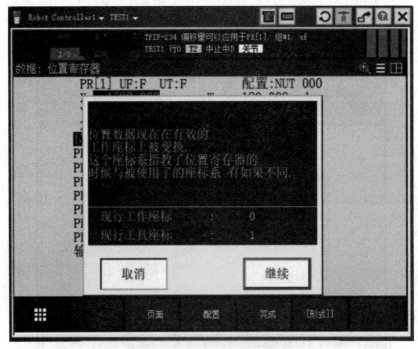

图 4-32 确认示教时使用的坐标系

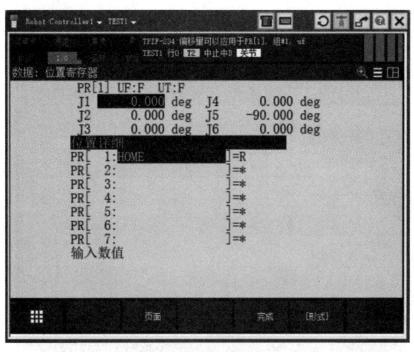

图 4-33　直接修改数据的界面

(5) 在程序中加入寄存器指令。

① 进入编辑界面。

② 按 F1 INST(指令) 键，显示控制指令一览，如图 4-34 所示。

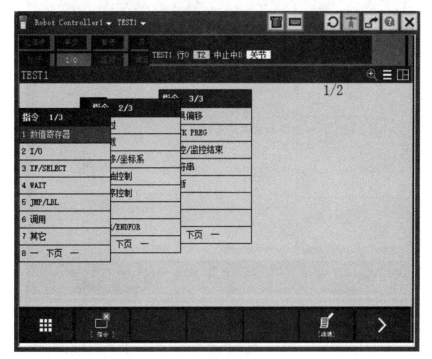

图 4-34　显示控制指令的界面

③ 选择 Position Reg(位置寄存器)，按 ENTER 键，如图 4-35 所示。

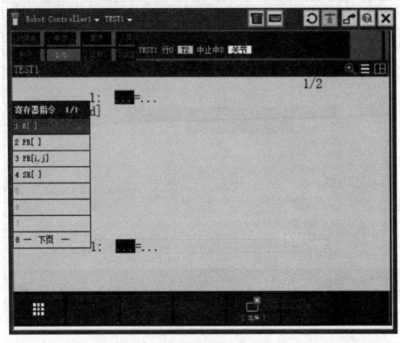

图 4-35　选择寄存器的界面

④ 选择所需要的指令格式，按 ENTER 键，如图 4-36 所示。

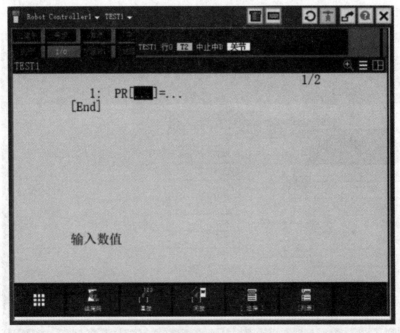

图 4-36　选择所需要的指令格式的界面

⑤ 根据光标位置选择相应的项，输入值 (见图 4-37)，按 ENTER 键确认，如图 4-38 所示。

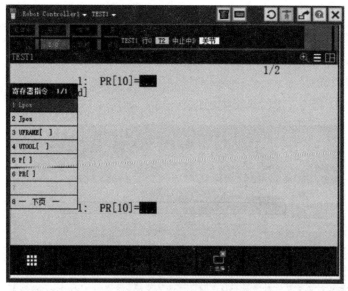

图 4-37　选择相应项的界面

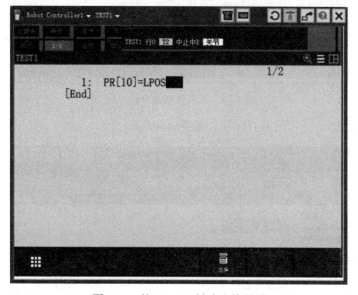

图 4-38　按 ENTER 键确认的界面

3. I/O 指令：I/O

I/O 指令 (信号指令) 用来改变信号输出状态和接收输入信号。机器人信号 (RI/RO) 指令、模拟信号 (AI/AO) 指令、群组信号 (GI/GO) 指令的用法和数字信号指令的类似。

例如，数字信号 (DI/DO) 指令：

```
R[i] = DI[i]
DO[i] = ( 值 )
Value = ON 发出信号
Value = OFF 关闭信号
```

DO[i] = PULSE, (Width)

Width = 脉冲宽度 (0.1to 25.5 s)

在程序中加入信号指令：

(1) 进入编辑界面。

(2) 按 F1 INST(指令) 键，显示控制指令一览，如图 4-39 所示。

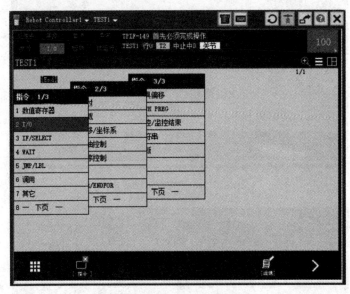

图 4-39　显示控制指令的界面

(3) 选择 I/O(信号)，按 ENTER 键，如图 4-40 所示。

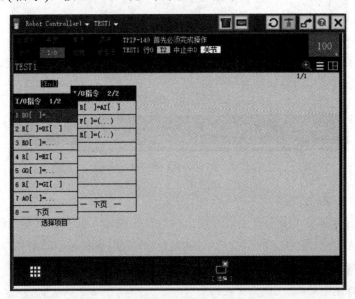

图 4-40　选择 I/O(信号) 显示的界面

(4) 选择所需要的项，按 ENTER 键。

(5) 根据光标位置输入值或选择相应的项并输入值。

4. 条件比较指令：IF

(1) 若条件满足，则转移到所指定的跳跃指令或子程序调用指令；若条件不满足，则执行下一条指令。

> IF(变量)(算符)(值)，(处理)

例如：

> IF R[i] >= Constant(常数)，JMP LBL[i]
> IF I/O <= R[i]，Call(程序名)
> IF Di[i] = ON/OFF，Call(程序名)

(2) 可以通过逻辑运算符"or"(或) 和"and"(与) 将多个条件组合在一起，但是"or"(或) 和"and"(与) 不能在同一行中使用。

例如：

IF〈条件 1〉and (条件 2) and (条件 3) 是正确的；

IF〈条件 1〉and (条件 2) or (条件 3) 是错误的。

5. 条件选择指令：SELECT

条件选择指令是根据寄存器的值转移到所指定的跳跃指令或子程序调用指令。

> SELECT R[i] = (值) (处理)
> = (值) (处理)
> = (值) (处理)
> ELSE (处理)

> **注意：**
>
> ① Value: 值为 R[ ] 或 Constant(常数)。
> ② Processing：处理为 JMP LBL [i] 或 Call(程序名)。
> ③ 只能用寄存器进行条件选择。

例如：

SELECT R[1] = 1, CALL TEST1 满足条件 R[1] = 1，调用 TEST1 程序

　　　　　 = 2，JMP LBL[1] 满足条件 R[1] = 2，跳转到 LBL[1] 执行程序

ELSE，JMP LBL[2] 否则，跳转到 LBL[2] 执行程序

6. 等待指令：WAIT

等待指令可以在所指定的时间或条件得到满足之前使程序的执行待命。

> WAIT(变量)(算符)(值)TIMEOUT LBL[i]

设置的条件可以是以下形式：

Constant > Constant ；　　　　R[i] = ON

DI/DO <> ON ；　　　　　　UI/UO <> R[i]

AI/AO = Constant ；　　　　GI/GO <= Constant

① 可以通过逻辑运算符 "or"（或）和 "and"（与）将多个条件组合在一起，但是 "or"（或）和 "and"（与）不能在同一行使用。

② 当程序在运行中遇到不满足条件的等待语句时会一直处于等待状态，如需要人工干预，可以通过按 FCTN（功能）键后，选择 RELEASE WAIT（解除等待）跳过等待语句，并在下个语句处等待。

7. 标签 / 跳转指令：LBL [i] /JMP LBL [i]

(1) 标签指令 (LBL)：表示程序的转移目的地的指令。

> LBL [i : Comment]；[其中 i 取值为 1～32 766]
> [Comment：注解 (最多 16 个字符)]

(2) 跳转指令：转移到所指定的标签。

> JMP LBL [i]；[其中 i 取值为 1～32 766(跳转到标签 i 处)]

例如，无条件跳转为

> JMP LBL[10]
> ⋮
> LBL[10]

例如，有条件跳转为

> LBL[10]
> ⋮
> IF ...，JMP LBL[10]

8. 调用指令：CALL

调用指令用于使程序的执行转移到其他程序 (子程序) 的第 1 行后执行该程序。注意：被调用的程序执行结束时，返回到主程序调用指令后的指令。

> Call (Program)；Program：程序名

案例：循环调用程序 TEST0001 三次。

1：R[1]=0	此处，R[1] 表示计数器，R[1] 的值应清 0
2：J P[1:HOME] 100% FINE	回 HOME 点
3：LBL[1]	标签 1
4：CALL TEST0001	调用程序 TEST0001
5：R[1]=R[1]+1	R[1] 自加 1
6：IF R[1]<3, JMP LBL[1]	若 R[1] 小于 3，光标跳转至 LBL[1] 处，执行程序
7：J P[1:HOME] 100% FINE	回 HOME 点
[END]	

9. 循环指令：FOR/ENDFOR

通过用 FOR 指令和 ENDFOR 指令来包围需要循环的区间，根据由 FOR 指令指定的值，确定循环的次数。

> FORR[i] = (值)TO(值)
> FORR[i] = (值)DOWNTO(值)

值 (Value) 为 R[ ] 或 Constant(常数)，范围为 −32767～32766(整数)。

1：FOR R[1]=1 TO 5		1：FORR[1]=5 DOWNTO 1
2：L P[1] 100mm/sec CNT100		2：L P[1] 100mm/sec CNT100
3：L P[2] 100mm/sec CNT100		3：L P[2] 100mm/sec CNT100
4：L P[3] 100mm/sec CNT100		4：L P[3] 100mm/sec CNT100
5：ENDFOR		5：ENDFOR

10. 偏移指令：OFFSET

偏移指令：OFFSET CONDITION PR[i]/(偏移条件：PR[i])

通过偏移指令可以将原有的点偏移，偏移量由位置寄存器决定。位置补偿条件指令一直有效到程序运行结束或者下一个位置补偿条件指令被执行 (注：位置补偿条件指令只对包含有控制动作指令 OFFSET(偏移) 的动作语句有效)。

例 1：

> 1：OFFSET CONDITION PR[1]
> 2：J P[1] 100% FINE
> 3：L P[2] 500mm/sec FINE offset

例 2：

> 1：J P[1] 100% FINE
> 2：L P[2] 500mm/sec FINE offset, PR[1]

11. 工具坐标系调用指令：UTOOL_NUM 和用户坐标系调用指令：UFRAME_NUM

工具坐标系调用指令：改变当前所选的工具坐标系编号。

用户坐标系调用指令：改变当前所选的用户坐标系编号。

1 UTOOL_NUM 1	程序执行该行时，当前 TOOL 坐标系号会激活为 1 号
2 UFRAME_NUM 2	程序执行该行时，当前 USER 坐标系号会激活为 2 号

12. 其他指令

1) 用户报警指令：UALM[i]

> UALM[i]；其中 i 为用户报警号

(1) 当程序中执行该指令时，机器人会报警并显示报警消息。

(2) 要使用该指令，首先设置用户报警。

(3) 依次按键选择 MENU(菜单)→SETUP(设置)→F1 TYPE(类型)→User alarm(用户报警) 即可进入用户报警设置界面，如图 4-41 所示。

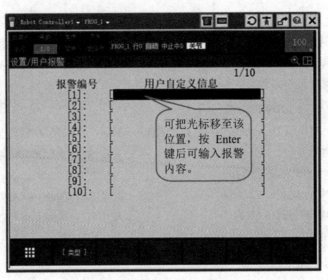

图 4-41　用户报警设置界面

2) 计时器指令：TIMER[i]

TIMER[i] =(Processing)i：计时器号 Processing：START，STOP，RESET

例如：

TIMER[1] = RESET	计时器清零
TIMER[1] = START	计时器开始计时
...	
TIMER[1] = STOP	计时器结束计时

查看计时器时间：

(1) 依次按键选择 MENU(菜单)→0 NEXT(下页)→STATUS(状态)→F1 TYPE(类型)。

(2) 选择 Prg Timer(程序计时器) 即可进入程序计时器一览显示画面，如图 4-42 所示。

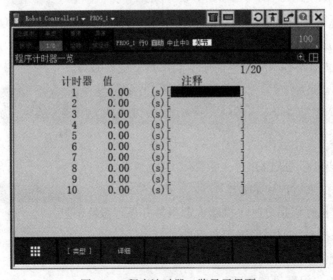

图 4-42　程序计时器一览显示界面

3) 倍率指令：OVERRIDE

OVERRIDE=(value)%　　(取值 value=1 to 100)。

4) 注释指令：!(Remark)

! (Remark)　　(Remark：注解，最多可以有 32 字符。)

5) 消息指令：Message[message]

Message [message]　　(message：消息，最多可以有 24 字符。)

当程序中运行该指令时，屏幕中将会弹出含有 message 的画面。

6) 参数指令：Parameter name

Parameter name

$(参数名)=value(参数名需手动输入，value 值为 R[ ]、常数、PR[ ])

Value=$(参数名)(参数名需手动输入，value 值为 R[ ]、PR[ ])

●●● 思考与练习

1. 将示教器系统变量配置为远程启动后还能手动运行吗？

2. RSR 和 PNS 模式有什么区别？为什么要创建这两种远程启动模式？

3. FANUC 机器人控制指令有哪些？

项目五
机器人数控加工工作站应用

项目引入

小宋："师傅，我已经学会机器人与数控加工的各种指令了，我现在可以操作机器人加工了吗？"

陈工："可以！但在加工前需要做好加工的准备工作。"

小宋："好的。"

任务一	机器人数控加工工作站准备

任务描述

小宋："在操作机器人数控加工工作站完成加工任务前，我们需要进行加工前的检查和准备工作，一般包括对设备的检查，工装夹具、毛坯料（零部件）、工艺图纸的准备和个人防护工作，等等。通过这些检查与准备工作，不但能保证设备的安全，实现设备平稳运行，提高质量，还能保障操作人员的安全。"

陈工："是的。"

任务学习

一、机器人数控加工硬件的准备

安全是人们从事生产活动的第一要务，操作工业机器人之前需要严格掌握其安全操作规程，保证人身安全和设备安全。安全使用数控加工机器人之前，必须先了解机器人工作的环境要求、安全操作规程以及安全设备。

本项目是对机器人数控加工工作站的安全检查介绍，确保设备安全后才能启动系统进行操作。

1. 设备上电检查

设备上电(漏电)检查时，至少需要两名操作人员，穿戴好安全鞋、安全帽等物品；测量是否漏电时要注意安全，必要时佩戴绝缘手套；启动系统之前应确认硬件安装稳固且上电正常。

2. 工作站总电气设备检查

一般设备检查的主要项目有：

(1) 检测机器人控制柜地线是否漏电，如图 5-1 所示。

图 5-1 控制柜接地

(2) 检测机器人底座接地端是否漏电，如图 5-2 所示。

图 5-2 机器人接地

(3) 检测电气线路有没有虚接，三相电供电有无欠压、缺相等故障，保护装置有无粘连，能否正常开合等。

(4) 系统上电运行。

注意：

　　打开控制柜顶盖之后上电，检测完成后记得断电盖上顶盖。

第一步：确保控制柜开关已经合闸，如图 5-3 所示。

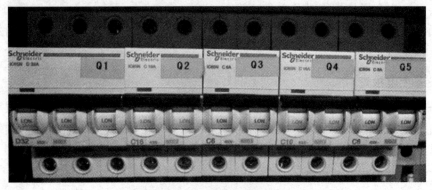

图 5-3　控制柜断路器

第二步：点按"电源启动"按钮，如图 5-4 所示。

图 5-4　启动按钮

(5) 系统上电后用万用表测量每根相线与地线的电压是否为 110 V(±10%)，如图 5-5 所示。

图 5-5　万用表检测 1

(6) 系统上电后用万用表测量每根相线之间的电压是否为 220 V(±10%)，如图 5-6 所示。

图 5-6　万用表检测 2

3. 点动机器人安全操作流程

(1) 确保控制柜开关已经合闸，按"电源启动"按钮，系统上电开机，如图 5-7 所示。

图 5-7 按钮与指示

(2) 确保安全门已经关闭，三色报警灯未出现红色报警指示，机器人示教器上没有出现安全报警，如图 5-8 所示。

图 5-8 三色灯与报警

(3) 开机后将机器人控制器置于 T1 状态，示教器置于手动状态，如图 5-9 所示。

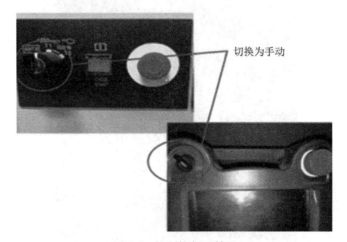

切换为手动

图 5-9 控制柜与示教器

(4) 确保机器人位置正常，防止启动后回到 HOME 位置出现碰撞等情况。

(5) 切换到演示程序并在手动状态下执行。

(6) 降低机器人运行速度，按下运行按钮，程序将按顺序执行，测试流程是否正确，如果不正确则按照故障说明进行排查。

4. 机器人运行前后和运行过程中的注意事项

1) 运行前检查

(1) 确保设备已经安全接地。

(2) 确保急停按钮稳定有效。

(3) 确保保护装置稳定有效。

2) 运行过程中的注意事项

(1) 设备运行中确保安全门已经关闭，不要靠近机器人高速运动过程中的有效行程范围；手动操作机器人过程中将速度调低，与机器人保持安全距离。

(2) 在方形风冷电主轴高速运转的过程中，要远离设备，避免误操作造成安全事故，避免衣物、头发等卷入刀具中造成安全事故。

(3) 在工作中避免衣物及头发靠近工业吸尘器，以免吸尘器吸入造成安全事故。

(4) 上电中不要打开控制柜门，禁止设备带电操作和检修，非专业人员禁止对设备进行拆卸、维修。

3) 运行后整理

(1) 设备操作完成后手动使机器人回到 HOME 位置，如图 5-10 所示。

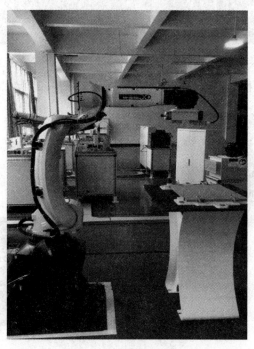

图 5-10　机器人运行

(2) 按下"电源断开"按钮对设备进行断电，如图 5-11 所示。

图 5-11　电源断开

(3) 将铣刀卸下清洁留存，避免丢失和误操作造成人身伤害，并整理整齐，挂好示教器，缠绕好线缆使其不落地，如图 5-12 所示。

(a) 刀具

(b) 示教器

图 5-12　刀具与示教器

二、机器人数控加工的工艺准备

根据零件图样及工艺要求等原始条件，编制零件数控加工程序，并输入到数控系统中，以控制刀具与工件的相对运动，从而完成零件的加工。在此处的工艺准备中，可以通过以下六步进行：

第一步：确定图纸的技术要求，如尺寸精度、形位公差、表面粗糙度、工件的材料、硬度、加工性能以及工件数量等。

第二步：根据零件图纸的要求进行工艺分析，其中包括零件的结构工艺性分析、材料和设计精度合理性分析、大致工艺步骤等。

第三步：根据工艺分析制订加工所需要的一切工艺信息，如加工工艺路线、工艺要求、刀具的运动轨迹、位移量、切削用量（主轴转速、进给量、吃刀深度）以及辅助功能（换刀、主轴正转或反转、切削液开或关）等，并填写加工工序卡和工艺过程卡。

第四步：根据零件图和制订的工艺内容，再按照所用数控系统规定的指令代码及程序格式进行加工刀路的计算。

第五步：使用软件进行仿真、分析刀路及将数控加工的刀具路径转换为机器人能够识别的机器语言。

第六步：将编写好的程序通过传输接口输入到机器人数控加工工作站中。调整好机器人并调用该程序后，就可以加工出符合图纸要求的零件了。

工艺总体流程如图 5-13 所示。

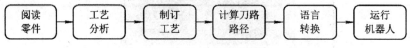

图 5-13　工艺总体流程图

下面以一个简易鼠标零件加工为例进行说明，这个练习加工的材料为工业设计造型泡沫。这种材料的学名为聚氨酯泡沫，是以异氰酸酯和聚醚为主要原料，在发泡剂、催化剂、阻燃剂等多种助剂的作用下，通过专用设备混合，经高压喷涂现场发泡而成的高分子聚合物。这种材料可以手工打磨切割，也可以使用 CNC 加工，材料便宜，但是寿命比较短，制作好的模型存放一段时间会老化、表面疏松。聚氨酯不适合直接使用油漆喷涂，因为疏松多孔的特性，模型表面不能实现光滑的效果。

本次加工采用的刀路与机器人仿真处理软件为 PowerMill 2019，该软件具有强大的曲面切削能力，通过结合机器人插件可以完成由铣削 G 代码转换成能够让机器人识别的机器语言，从而完成由机器人替代数控铣床的功能。PowerMill Robot 可以让机器人编程达到五轴 NC 编程一样的功能，比传统示教编程方法更快、更有效。其插件支持市面上大多数品牌机器人，包括 ABB、FANUC、KUKA、YASKAWA 等品牌的机器人。而在当前的应用中，一些大型的人偶与佛像雕刻等的铣削加工可由六轴机器人加工完成。

下面通过 PowerMill 2019 自带的三维实例，对机器人数控加工的工艺准备的过程进行展示。零件三维如图 5-14 所示。

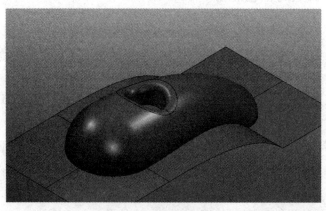

图 5-14　简易鼠标零件

根据现有的设备，本加工可以采用机器人数控加工工作站来进行铣削加工，下面介绍具体操作步骤。

1. 任务单与工艺分析

1) 阅读生产任务单

阅读生产任务单，如表 5-1 所示。

表 5-1　生 产 任 务 单

单位名称：				完成时间　　年　月　日
序号	产品名称	材　料	生产数量	技 术 标 准
1	鼠标零件	聚氨酯泡沫	1 件	按图样要求
生产批准时间　　年　月　日　　批准人				
通知任务时间　　年　月　日　　发单人				
接单时间　　年　月　日　　接单人　　生产班组　　机器人数控加工组				

注：生产任务单与零件图样等一起领取。

2) 零件图样

该零件只做简单演示用，零件的表面加工精度与尺寸精度不做要求，尺寸仅作为参考。零件三视图如图 5-15 所示。

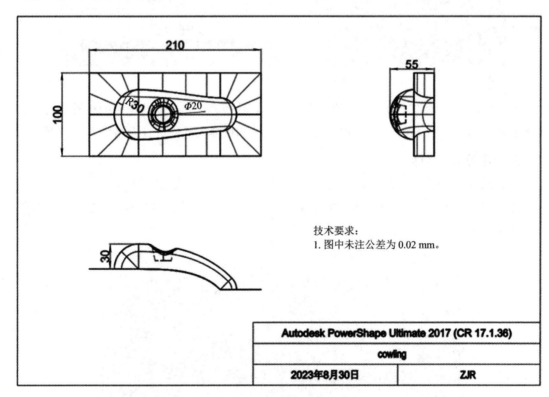

技术要求：
1. 图中未注公差为 0.02 mm。

Autodesk PowerShape Ultimate 2017 (CR 17.1.36)	
cowling	
2023年8月30日	ZJR

图 5-15　零件三视图

3) 工艺分析

该零件加工精度要求不高，加工的方式可以以平面铣削的方式完成，因此可以用直径为 16 mm 的平铣刀进行一次成型加工。又因毛坯料为塑料，故粗加工及精加工皆由一把刀完成。机器人数控加工工作站的全部铣削动作皆由 FANUC 机器人配合铣削主轴完成，机器人的型号为 M-10iD/12。此加工的鼠标有一个孔需要铣削，所以要分析孔径与孔深。该部分可以借助 PowerMill 软件自带的分析软件完成分析，如图 5-16 所示。该孔径为 $\Phi20$，当所用刀具为 $\Phi20$ 时，孔壁周围会出现红色报警，意味着刀径超过了孔径。通过分析，考虑加工排屑与散热，可以选择 $\Phi18$ 的刀径。

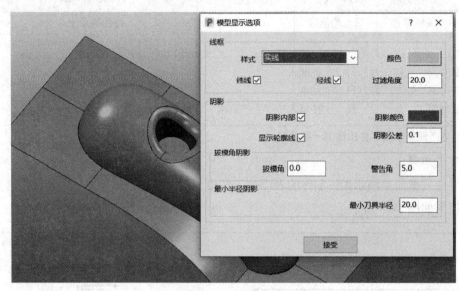

图 5-16　孔径与孔深

此外，还需实现数控加工程序的刀具路径信息转换为机器人能够识别的机器语言。本案例的数控加工程序的准备主要以 PowerMill 2019 的机器人插件进行刀路信息的设置。

2. 创建刀具与坐标

计算刀具路径前需做以下准备：

(1) 在 PowerMill 2019 中完成三维数模的毛坯的创建，如图 5-17 所示。根据模型的外观，采用方形的模型作为加工毛坯。

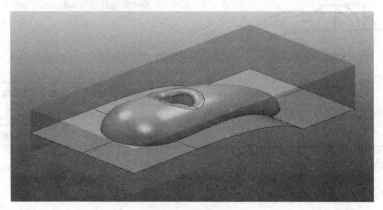

图 5-17　创建毛坯

(2) 创建一把刀具。经过分析，仅以模型的开粗而言，采用一把 Φ18R3 的圆鼻刀即可完成开粗。此处仅作一个简单的说明，实际加工要以现实的刀具进行设置，如图 5-18 所示。

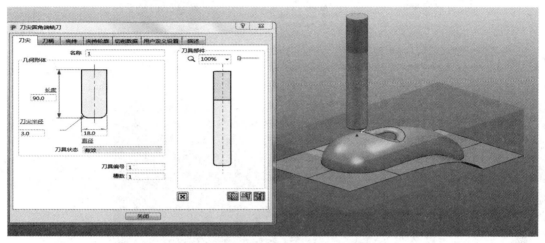

图 5-18　创建刀具

(3) 设置加工坐标与安全高度。在加工时，需要设置好加工的坐标，类似 G54 坐标，还需设置刀具加工毛坯的安全高度 (见图 5-19)、刀具移动和间隙、刀路的进入与退出点、刀具切入 (见图 5-20) 与切出的方式、快速移动与下刀的连接点等。

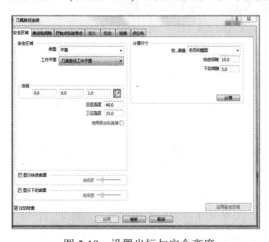

图 5-19　设置坐标与安全高度

图 5-20　刀具切入方式

3. 创建刀路及程序转换

(1) 创建刀具路径。PowerMill 2019 的加工策略有几十种，每一种都有相对应的加工类型。选择合适的加工策略，有助于减少加工时间，提高加工效率。根据本次的模型，选用 3D "区域清除模型" 进行区域清除，完成加工刀路的计算，选择刀具路径策略如图 5-21(a) 所示，刀具路径创建界面如图 5-21(b) 所示。

(a) 选择刀具路径策略界面

(b) 刀具路径创建界面

图 5-21　选择刀具路径策略和刀具路径创建界面

(2) 模拟开粗。PowerMill 2019 软件有刀具路径模拟的功能，可以帮助设计人员节省设计时间，提高效率的同时及时发现刀路干涉，保证切削安全。该部分也可以加载机器人来完成开粗。创建开粗刀路如图 5-22 所示。

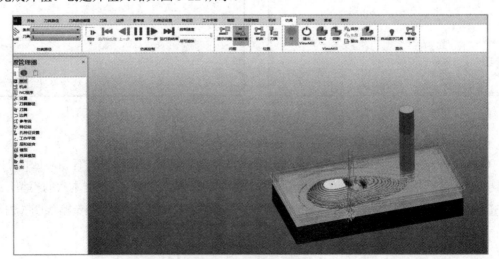

图 5-22　创建开粗刀路

(3) 转换为机器人程序。PowerMill 2019 的机器人插件能够将创建的刀路 G 代码通过软件自带的后置处理转换为相应品牌的机器人运行代码，如图 5-23 所示。

图 5-23　机器人垂直插件

(4) 在加载机器人进行模拟加工后，如果未出现碰撞、干涉、奇异点、极限等报警信息，则证明模拟的加工轨迹无问题，就可将机器人的程序导出，如图 5-24 所示。

```
/PROG
/ATTR
OWNER             = Autodesk;
COMMENT           = "Autodesk";
PROG_SIZE         = 0;
CREATE            = DATE 2021-08-05   TIME 17:27:40;
MODIFIED          = DATE 2021-08-05   TIME 17:27:40;
FILE_NAME         = ;
VERSION           = 0;
LINE_COUNT        = 0;
MEMORY_SIZE       = 0;
PROTECT           = READ_WRITE;
TCD:  STACK_SIZE        = 0,
      TASK_PRIORITY     = 50,
      TIME_SLICE        = 0,
      BUSY_LAMP_OFF     = 0,
      ABORT_REQUEST     = 0,
      PAUSE_REQUEST     = 0;
DEFAULT_GROUP     = 1,*,*,*,*;
CONTROL_CODE      = 00000000 00000000;
/MN
  1:  !Generated by Autodesk ;
  2:  ;
  3:  UFRAME_NUM=1 ;
  4:  UTOOL_NUM=1 ;
  5:  ! Start position (joint) = (J1      0.000,J2      -6.216,J3
  6:  ! Tool Number          = 1 ;
  7:  ! Spindle Speed         = 1500 RPM ;
  8:  ! Program file name      = 12.ls ;
  9:J P[1] 20% CNT100 ;
```

图 5-24　机器人运行程序

(5) 进行机器人加工。将从 PowerMill 2019 软件中得到的机器人运行轨迹与控制指令程序传至机器人。可用 USB 的方式通过示教器的 USB 连接口完成程序的上传。在进行机器人加工前，需要检查主轴动力头、刀具、电气设备是否正常。在开始加工前，为确保机器人正常运转、不与加工材料发生碰撞等危险，可以先让机器人空运行一遍，保证安全。在加工时，应保持观察，以防意外。

机器人数控加工的准备有哪些内容？

任务二　机器人数控加工典型工件

任务描述

"在此之前已了解完整的机器人数控加工的方法，现在想试着开始运用机器人数控加工工作站开展典型工件的加工，按照之前所学的在厂里面新项目上进行应用。"小宋说道。

"对啊，学以致用才是真正的意义，正好厂里面有个新项目，要对一个有曲面的工件进行加工，结合之前所学的方法，试试看。"陈工说道。

"好的。"小宋回答。

任务学习

一、典型（平面）工件加工程序编制与调试

本任务是机器人数控加工零件，具体的任务是加工一个零件，材料为 2A12 高强度硬铝，如图 5-25 所示。该零件主要由平面、方型腔、凸台、部分腰形槽、台阶、孔、倒圆角等结构特征构成，型腔四角用圆角过渡，零件四角有通孔。

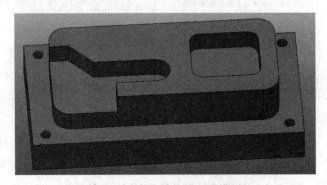

图 5-25　实体零件的三维模型

通过 CAD/CAM 软件 (如 PowerShape 软件) 创建工件三维模型，再在 CAD/CAM 软件 (如 PowerMill 软件) 中进行数控加工程序 (NC) 设计，生成 NC 程序。运用已经搭建好的数控加工的机器人工作站，通过机器人末端安装的电主轴上安装的刀具加工工件。本项目加工编程使用 Autodesk PowerMill Ultimate 2019 来实现。

使用 PowerMill 软件 Robot 插件将 NC 程序转成机器人运动指令的程序。在 ROBOGUIDE 软件中搭建与真实的 FANUC 工业机器人数控加工实训工作站一样的场景，仿真机器人和真实机器人所用的工具坐标系和用户坐标系要一致，坐标系号都是 1；使用 ROBOGUIDE 软件生成校准程序，将机器人 TP 程序导出到 USB，在 FANUC 工业机器人数控加工实训工作站通过 USB 导入现场控制器和验证校准程序；校准记录好位置点信息后再返回到 ROBOGUIDE 软件进行模型和程序偏移，最终生成校准好的程序，导出上传到真实的机器人中；最后按照项目四中任务二的设置方法实现自动运行。其具体流程如图 5-26 所示。

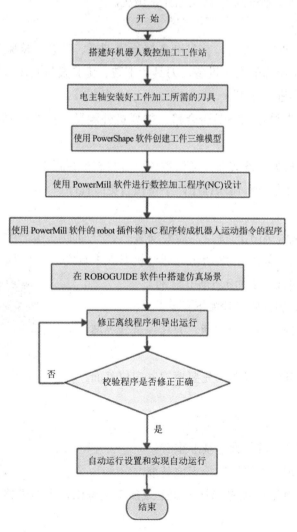

图 5-26　结构特征工件加工程序编制与调试流程

1. 工作站安装和数控加工准备

机器人数控加工工作站主体按照项目三进行安装。

1) 工作站安装注意事项

(1) 安装设备之前先把相关设备电源断电，避免工作中误触。同时工作人员要做好个人安全防护工作，防护措施（安全帽、手套）要落实到位等。

(2) 应对该设备的重要零部件与电气线路做标记或者记号，以方便后继电气人员安装，同时也方便安装人员进行组装。

(3) 有棱角的设备要注意用棉布或者泡沫胶带等把棱角包上，以免误伤。

(4) 要保证设备的安全，要选用合适的拆卸工机具，不得随便代用。

(5) 安装布局图与电气接线图需要提前准备。

(6) 设备应该安装在干燥、无腐蚀性气体、温度在 0～35℃ 的环境中。

(7) 检查各零部件，保证无松动及无异常情况。

2) 数控加工准备

(1) 操作者接到加工任务后，首先准备好所需图纸、工艺、检验等相关文件，看懂技术要求，准备好加工所需的数控设备、刀具、工装、工具及量具，有疑问找技术人员及相关部门人员核实后再进行加工。

(2) 注意工装周期检定状态是否合格。需要机外测量、预调的刀具，应在对刀仪中给出正确的补偿值。

(3) 操作者按照相关设备文件，确认数控设备状态是否正常。

(4) 在加工时，必须正确输入程序，不得擅自更改程序。

3) 刀具、夹具的安装

针对工件结构特征加工的特点，需要安装适合平面加工的刀具——端铣刀，如图 5-27 所示。通过机器人末端安装的电主轴上安装端铣刀来加工平面的工件。

刀具、夹具安装的具体步骤如下：

(1) 在装卡刀具前，需要把刀柄、刀杆、卡套等部件擦干净。

(2) 在工作台上安装夹具时，先要擦净其定位基面，并按要求找正、固定。

图 5-27　端铣刀

4) 工件的装卡

(1) 尽可能使定位基准与设计基准重合。

(2) 尽可能使各加工面采用同一定位基准。

(3) 粗加工定位基准应优先选择不加工或加工余量比较小的平整平面，而且只能使用一次。

(4) 精加工工序的定位基准应是已加工表面。

2. 典型（平面）工件的数控加工

1) 数控铣削加工工艺的分析

零件图工艺分析是工艺制订中的首要工作，它主要包括以下内容：

(1) 零件结构工艺性分析。

零件结构的工艺性是指零件对加工方法的适应性，即所设计的零件结构应便于加工成形。在数控加工零件时，应根据数控铣削的特点，认真审视零件结构的合理性。

该零件主要由平面、方形腔、凸台、部分腰形槽、台阶、孔、倒圆角等结构特征构成，型腔四角用圆角过渡，零件四角有通孔。数控刀具经过几次加工，可达到平面平整和圆角光滑过渡的要求。

(2) 轮廓几何要素分析。

在手工编程时，要计算每个基点坐标，在自动编程时，要对构成零件轮廓的所有几何元素进行定义。因此，在分析零件图时，要分析几何元素的给定条件是否充分。

采用 CAD/CAM 软件实现自动编程，平面轮廓的质量尤为重要，尽量不要有尖锐的凸点，尽可能光滑平整。本项目的工件没有尖锐过渡的情况，如果有这种情况，则需要优化工件。

(3) 精度及技术要求分析。

对被加工零件的精度及技术要求进行分析，是零件工艺性分析的重要内容，只有在分析零件尺寸精度和表面粗糙度的基础上，才能对加工方法、装夹方式、刀具及切削用量进行正确而合理的选择。工件应按照以下的数控工艺步骤来实现。

2) 制订零件铣削加工顺序要遵循的原则

(1) 先粗后精。

按照粗铣—半精铣—精铣的顺序进行，逐渐提高加工精度。粗铣将在较短的时间内将工件表面上的大部分余量切掉，一方面可提高金属切削率，另一方面可满足精铣的余量均匀性要求。

(2) 先近后远。

远近是按加工部件相对于刀点的距离大小而言的。在一般情况下，离对刀点远的部位后加工，以便缩短刀具移动的距离，减少空行程。对于铣削而言，先近后远还有利于保持坯件或半成品的刚性，改善其切削条件。

(3) 内外交加。

对既有内表面（凹面）又有外表面（凸面）需加工的工件，安排加工顺序时，应先进行内外表面粗加工，后进行内外表面精加工；切不可将零件上一部分表面加工完毕后，再加工其他表面。通过分析，工件的加工顺序应按由粗到精、由近到远的原则确定，即先从右到左进行粗铣（留 0.25 mm 的精铣余量），然后从右到左进行精铣，最后完成加工。

3) 数控铣削加工工艺的制订

结合以上数控铣削加工工艺分析和零件铣削加工顺序要遵循的原则，拟按表 5-2 所示编程工艺方案计算此零件的加工刀具路径。

表 5-2　实体结构零件的三维模型数控加工编程工艺

工步	工步名称	加工区域	走刀方式	刀具	编程参数		切削用量					
					公差/mm	余量/mm	转速/(r/min)	进给速度/(mm/min)			切宽/mm	切深/mm
								下切	切削	掠过		
1	粗、半精加工	凸台上表面及平面	2D 曲线区域清除	Φ6端铣刀	0.05	0.1	3000	250	2500	10 000	2	0.5
2	粗、半精加工	方形腔、部分腰形槽、台阶	2D 曲线区域清除	Φ6端铣刀	0.05	0.1	3000	250	2500	10 000	2	0.5
3	精加工	凸台上表面及平面、方形腔、部分腰形槽、台阶	模型残留区域清除	Φ6端铣刀	0.01	0	4500	600	2500	10 000	0.2	0.2
4	钻孔	4 个孔	钻孔	Φ8钻头	0.05	0	900	200	400	2000	—	—

3. 典型（平面）工件加工程序编制与调试

1) 使用 CAD/CAM 软件创建工件的三维模型

该零件的表面加工精度为 0.02 mm，尺寸精度为 0.02 mm，本项目使用 PowerShape 2017 软件创建零件三维模型，并输出工件图，详细尺寸如图 5-28 所示。

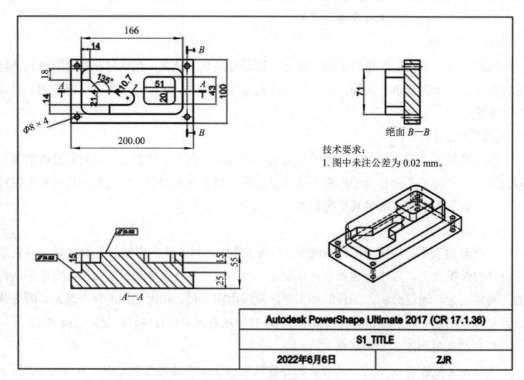

图 5-28　工件图

2) 用 CAD/CAM 软件进行数控加工程序 (NC) 设计

在 CAD/CAM 软件中进行数控加工程序 (NC) 设计，生成 NC 程序。本项目加工编程使用 Autodesk PowerMill Ultimate 2019 来实现。用 PowerMill 软件创建刀具路径的操作步骤如下：

步骤 1：新建加工项目。先复制本项目实例源文件到计算机本地硬盘，再在 PowerMill 功能区中单击"文件"→"输入"→"模型"，打开模型，模型名称为"jiegoulingjian"的 dgk 格式的模型文件。将该项目文件的名称保存为"5-01jiegoulingjian"。

步骤 2：准备加工。

(1) 创建毛坯。打开"毛坯"选项卡，各选项使用系统默认值，按图 5-29(a) 所示，单击"计算"按钮，计算出一个方形毛坯。建立好的毛坯如图 5-29(b) 所示。

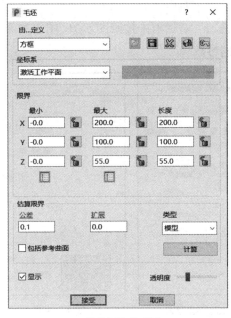

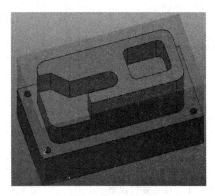

(a) "毛坯"选项卡　　　　　　　　　　(b) 计算的毛坯

图 5-29　计算毛坯

(2) 创建刀具。

按表 5-3 所示创建出加工此零件的两把刀具。

表 5-3　刀　具　参　数

刀具编号	刀具类型	刀具名称	切削刃直径/mm	切削刃长度/mm	槽数	刀柄直径（顶/底）/mm	刀柄长度/mm	夹持直径（顶/底）/mm	夹持长度/mm	伸出夹持长度/mm
1	端铣刀	D6r0	6	50	2	6	30	80	60	60
2	钻头	Dr8	8	65	1	8	12	80	50	65

PowerMill 资源管理器中的树枝展示情况如图 5-30 所示。

※▮ > D6r0
- 类型：端铣刀
- 长度：50
- 刀具编号：1
- 刀具id：D6r0
- 槽数：2
- 直径：6
- 伸出：60
- 标距长度：120
- 毛坯材料

※▮ > Dr8
- 类型：钻孔
- 长度：65
- 刀具编号：2
- 刀具id：Dr8
- 槽数：1
- 直径：8
- 锥角：90
- 伸出：65
- 标距长度：115
- 毛坯材料

图 5-30　计算毛坯树枝展示情况

第一把刀具端铣刀 D6r0 创建方法如下：

单击"创建刀具"→"端铣刀"，在"端铣刀"对话框中按照图 5-31、图 5-32 和图 5-33 所示的参数分别设置刀具刀尖、刀柄、夹持的参数。

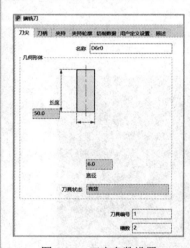

图 5-31　刀尖参数设置

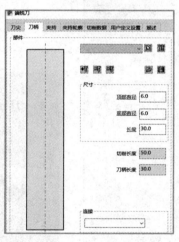

图 5-32　刀柄参数设置

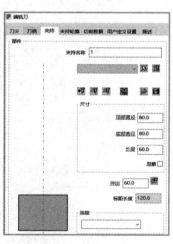

图 5-33　夹持参数设置

建立好的端铣刀 D6r0 如图 5-34 所示。

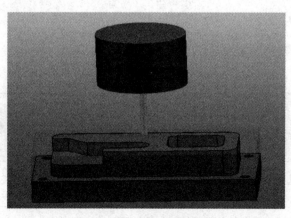

图 5-34　端铣刀 D6r0

102

参照上述操作过程，按表 5-3 刀具参数创建出加工此零件的全部刀具，建立的钻孔刀具如图 5-35 所示。

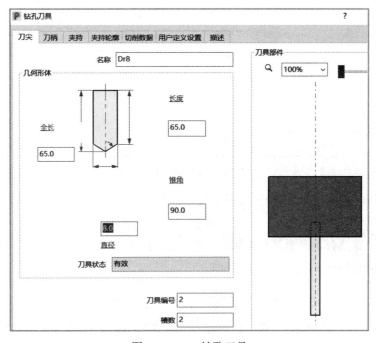

图 5-35   Dr8 钻孔刀具

(3) 设置快进高度。

打开"刀具路径连接"对话框，在"安全区域"选项卡中，按图 5-36 设置快进高度参数，先输入快进间隙和下切间隙，再单击"计算"按钮。设置完参数不要关闭对话框，继续设置其他选项。

图 5-36   设置快进高度

(4) 设置加工开始点和结束点，如图 5-37 所示。

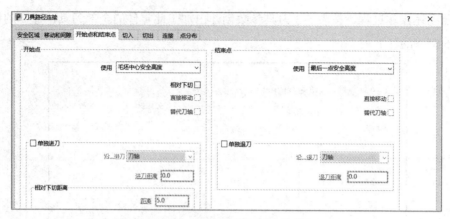

图 5-37　设置开始点和结束点

设置完成后，单击"刀具路径连接"选项卡的"接受"按钮 (图 5-37 没有显示出来，在选项卡底部有"接受"按钮)，关闭对话框。

步骤 3：计算凸台上表面及平面粗、半精加工刀具路径。

(1) 计算刀具路径。

在开始功能区，单击刀具路径连接按钮 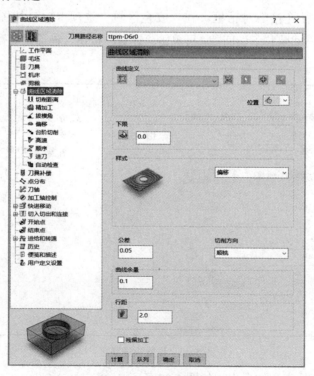，打开"策略选取器"对话框，选择"曲线加工"选项卡，再选择 2D "曲线区域清除"，按照图 5-38 所示设置参数，并且命名刀具路径为"ttpm-D6r0"。其中"曲线区域清除"选项卡中的"曲线定义"栏的曲线轮廓设置按下面的步骤进行创建。

图 5-38　选择加工策略

① 先在"曲线区域清除"选项卡中单击"确定"按钮，再在资源管理器列表中选择参考线选项，在单击右键弹出的快捷菜单中选择"创建参考线"，自动生成名称为"1"的参考线。单击展开参考线，右键选择"1"参考线的"曲线编辑器"，弹出曲线编辑器，单击采集按钮 🔄。

② 在绘图区选择图 5-39 所示标注为"1"的零件平面，选择平面系统将这些选择出来的侧面轮廓自动创建为参考线 1。单击"接受"按钮完成曲线的采集，如图 5-40 所示。按图选择圆 1～4，按 Delete 键，将其删除，接着在曲线编辑器中选择变换 🔷 选项的下拉按钮 ▼，选择偏移，选择外轮廓偏移 3 mm，单击"接受"按钮退出编辑。

图 5-39　选择平面

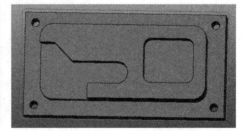

图 5-40　参考线"1"

③ 在资源管理器中选择刀具路径下的"ttpm-D6r0"，在单击右键弹出的快捷菜单中选择"设置"选项。在弹出的"曲线区域清除"选项卡中的"曲线定义"栏中，单击下拉按钮 ⌄，选择参考线"1"，如图 5-41 所示。

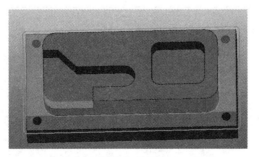

图 5-41　刀具路径选择参考线的效果图

④ 在"曲线区域清除"选项卡中的"下限"栏中，单击"拾取最低 Z 高度"按钮 ➕，系统进入捕获 Z 高度环境。在绘图区中，单击图 5-39 中标注为"1"的零件平面，系统自

动获得其最低 Z 高度为 25(如果读者知道该平面的深度值，也可以直接输入该数值)。

⑤ 在"曲线区域清除"对话框的策略树中，单击"刀具"树枝，调出"端铣刀"选项卡，按照图 5-42 所示选择刀具 D6r0。

图 5-42　选择刀具

⑥ 在"曲线区域清除"对话框的策略树中，单击"切削距离"树枝，调出"切削距离"选项卡，按图 5-43 所示设置切削距离。

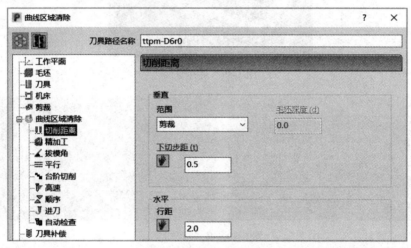

图 5-43　设置切削距离

⑦ 在"曲线区域清除"对话框的策略树中，单击"精加工"树枝，调出"精加工"选项卡，按图 5-44 所示进行设置。

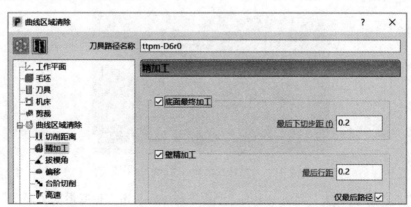

图 5-44　设置精加工

⑧ 在"曲线轮廓"对话框的策略树中，单击"切入切出和连接"树枝，调出"切入"选项卡，按照图 5-45 所示进行设置，并单击按钮 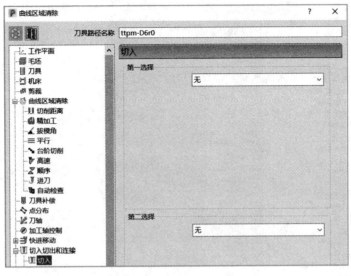 复制切入方式到切出。

图 5-45　设置切入方式

⑨ 单击"连接"，按照图 5-46 所示进行设置。

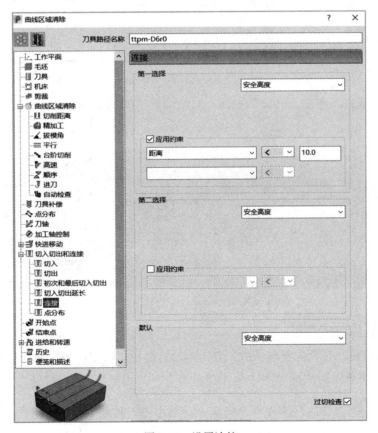

图 5-46　设置连接

⑩ 单击"进给和转速"树枝，调出"进给和转速"选项卡，按图 5-47 所示进行设置。

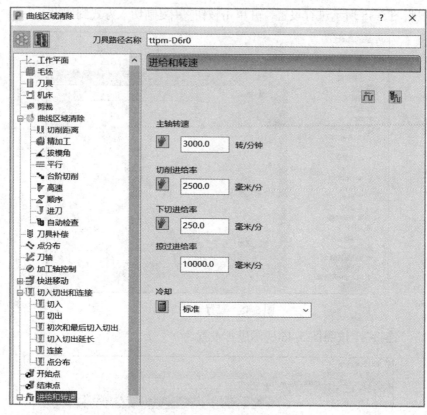

图 5-47　设置转速

⑪ 设置完成后，单击"计算"按钮，系统计算出如图 5-48 所示的刀具路径，关闭刀具路径对话框。

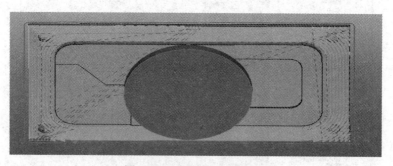

图 5-48　平面加工刀具路径

(2) 刀具路径碰撞检查。

检查刀具路径，在资源管理器中，双击"刀具路径"树枝，将它展开，右击刀具路径"ttpm-D6r0"，在弹出的快捷菜单中单击"检查"→"刀具路径"，打开"刀具路径检查"对话框。或者在"刀具路径编辑"功能区中，单击检查按钮，打开"刀具路径检查"对话框，如图 5-49 所示，单击"应用"按钮，系统进行碰撞计算，完成碰撞检查。检查完成后，弹出 PowerMill 信息框，提示"无碰撞发现"，如图 5-50 所示。

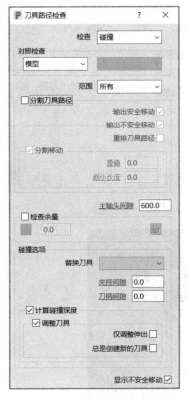

图 5-49　刀具路径安全检查　　　　　图 5-50　安全检查结果

依次单击"确定""接受"按钮，关闭"刀具路径检查"对话框。

(3) 平面粗、精加工刀路切削仿真。

在右侧的查看工具栏中，单击 ISO1 视角按钮，将模型和刀路调整到 ISO1 视角，如图 5-51 所示。

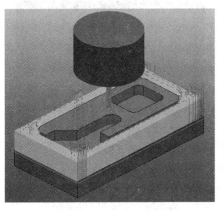

图 5-51　ISO1 视角

双击"刀具路径"树枝，将它展开，右击"ttpm-D6r0"，在弹出的快捷菜单中单击"自开始仿真"选项，表示刀路从头开始进行切削仿真。在功能区的"ViewMill"工具栏中，

单击开 / 关 ViewMill 按钮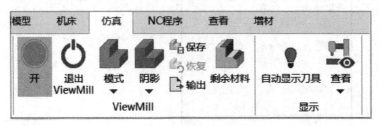，激活 ViewMill 工具，如图 5-52 所示。

图 5-52　仿真工具

单击图 5-52 中模式下的小三角形，选择固定方向![模式]，单击阴影![阴影]，选择"闪亮"。
将绘图区切换到金属材质的切削仿真环境，如图 5-53 所示。

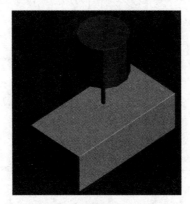

图 5-53　平面加工仿真图

在仿真功能区中，控制速度![控制速度 34.0 x 进给率]选择 34 × 进给率，单击运行按钮![运行]，系统开始仿
真切削。仿真结果如图 5-54 所示。

图 5-54　平面加工仿真结果

在 ViewMill 工具栏中，单击"模式"下的小三角形，选择无图像![模式]，系统保留
外轮廓粗、精加工切削仿真结果，退出仿真状态，返回编程。

步骤 4：计算方形腔、部分腰形槽以及台阶粗、半精加工刀具路径。

(1) 计算刀具路径并进行刀具路径碰撞检查。

在开始功能区中，单击刀具路径连接按钮 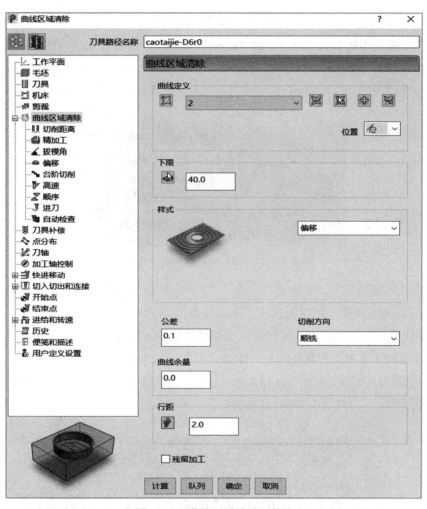（此处为图标），打开"策略选取器"对话框，选择"曲线加工"选项卡，选择 2D "曲线区域清除"，按图 5-55 所示设置参数，并且命名刀具路径为"caotaijie-D6r0"。其中，"曲线区域清除"选项卡"曲线定义"栏的曲线轮廓设置按图 5-55 所示进行创建。

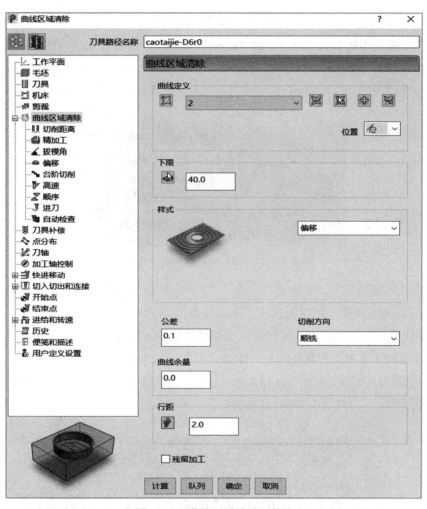

图 5-55 "曲线区域清除"策略

在"曲线区域清除"选项卡的"曲线定义"栏中，单击"采集几何形体到参考线"按钮，系统进入采集加工曲线环境。

在绘图区依次选择如图 5-56 所示的零件方形槽、部分腰形槽和台阶底面，系统将这些选择出来的曲线自动创建为参考线 2。单击"接受"按钮，完成曲线的采集。

在曲线编辑器中选择变换选项的下拉按钮 ▼，选择腰形槽和台阶的轮廓偏移，并选择台阶外轮廓向外偏移 3 mm，单击"接受"按钮退出编辑。

(a) 方、腰形槽

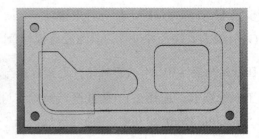
(b) 台阶底面

图 5-56 选择槽、台阶面

在资源管理器中选择刀具路径下的"caotaijie-D6r0"，在单击右键弹出的快捷菜单中选择"设置"选项。在弹出的"曲线区域清除"选项卡的"曲线定义"栏中，单击下拉按钮 ，选择参考线"2"，如图 5-57 所示。

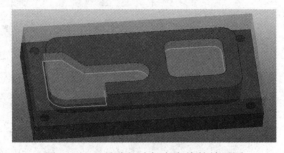

图 5-57 刀具路径选择参考线的效果图

在"曲线区域清除"选项卡的"下限"栏中，单击"拾取最低 Z 高度"按钮 ✛，系统进入捕获 Z 高度环境。在绘图区中，单击零件方形槽底面，系统自动获得其最低 Z 高度为 40(如果读者知道该平面的深度值，也可以直接输入该数值)。

其余设置和平面加工刀具路径是一样的。

设置完成后，单击"计算"按钮，系统计算出如图 5-58 所示的刀具路径，关闭刀具路径对话框。

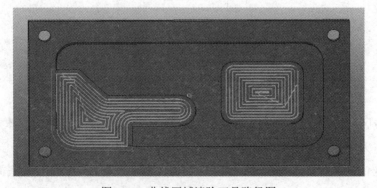

图 5-58 曲线区域清除刀具路径图

得到刀具路径结果，并参照平面加工的刀具路径碰撞检查方法进行安全检查。

(2) 方形腔、部分腰形槽以及台阶粗、半精加工刀路切削仿真。

双击“刀具路径”树枝，将它展开，右击“caotaijie-D6r0”，在弹出的快捷菜单中单击“自开始仿真”选项。其余设置和平面加工刀具路径是一样的。仿真结果如图 5-59 所示。

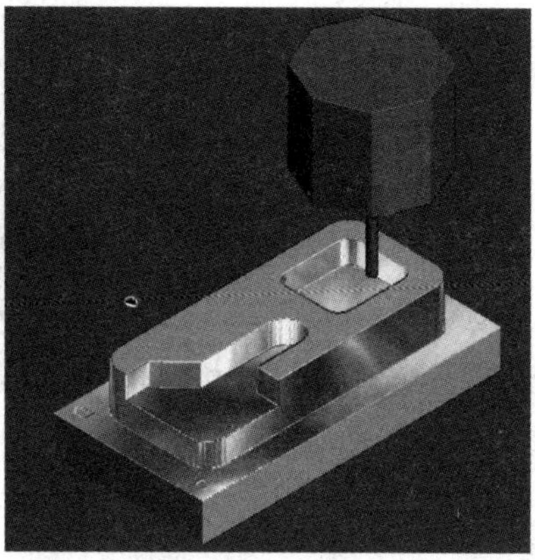

图 5-59　切削仿真结果

在 ViewMill 工具栏中，单击“模式”下的小三角形，选择无图像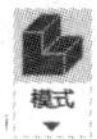，系统保留月形槽轮廓粗、精加工切削仿真结果，退出仿真状态，返回编程。

步骤 5：计算零件 (残留) 精加工刀具路径。

(1) 计算残留模型。

在资源管理器中，右击“残留模型”树枝，在弹出的快捷菜单中选择“创建残留模型”，打开“残留模型”对话框并进行设置，设置完成后即可创建残留模型“1”，如图 5-60 所示。

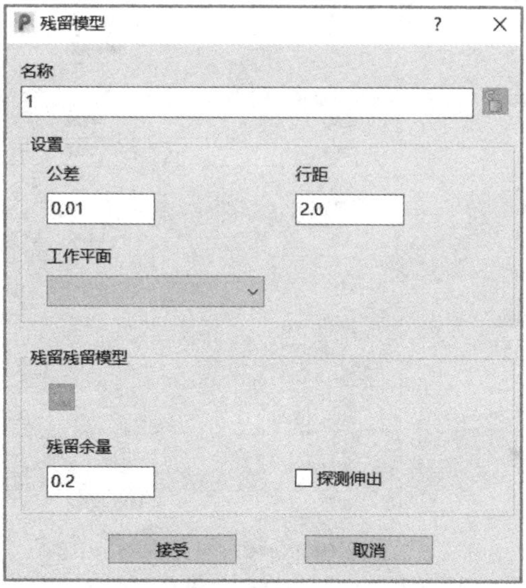

图 5-60　残留模型设置

先激活刀具路径“ttpm-D6r0”，再双击残留模型树枝并展开，单击“应用”→“激活刀具路径在先”，再次右击残留模型“1”，单击“计算”。

激活刀具路径“caotaijie-D6r0”，再双击残留模型树枝并展开，单击“应用”→“激活刀具路径在后"，再次右击残留模型"1"，单击"计算"。残留模型树枝展开情况如图 5-61 所示。

将计算后的残留模型显示选择为阴影，如图 5-62 所示。

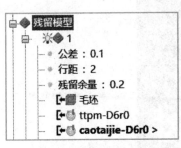

图 5-61　残留模型树枝展开图

图 5-62　残留模型"1"

(2) 计算刀具路径。

在开始功能区，单击刀具路径连接按钮，打开"策略选取器"对话框，选择 3D"区域清除"选项卡，选择"模型残留区域清除"，按照图 5-63 所示设置参数，并且命名刀具路径为"mxjjg-D6r0"。

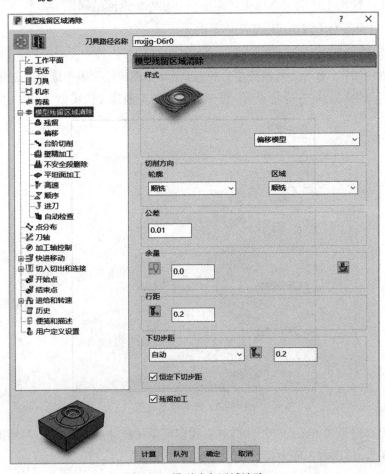

图 5-63　模型残留区域清除

在"模型残留区域清除"选项卡中单击"残留"树枝，调出"残留"选项卡，在残留加工选项中选择"残留模型"，并选择建立好的残留模型"1"，按图5-64所示进行设置。

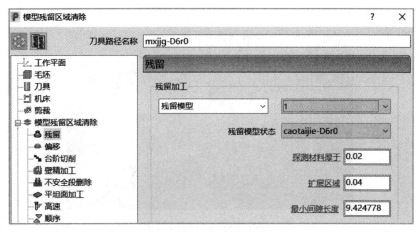

图 5-64　残留模型设置

刀具选择、切入切出和连接设置与平面、槽加工是一样的。

单击"进给和转速"树枝，调出"进给和转速"选项卡，按图5-65所示设置。

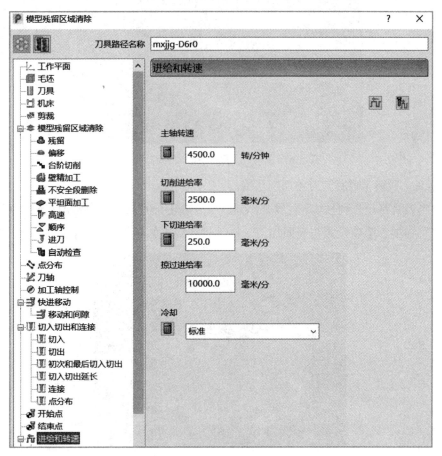

图 5-65　进给和转速设置

设置完成后，单击"计算"按钮，系统计算出如图5-66所示的刀具路径，关闭刀具路径对话框。同时将刀具路径的孔加工刀具路径删除，剩下平面和槽、台阶加工的刀具路径，如图5-67所示。

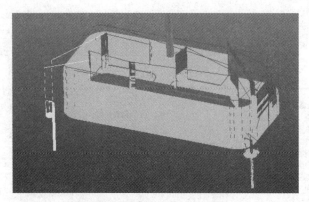

图 5-66　带有孔加工的刀具路径

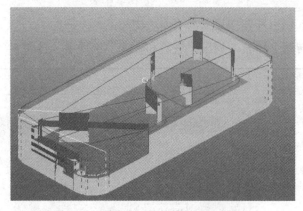

图 5-67　删除孔刀路的精加工刀具路径

(3) 零件 (残留) 精加工刀路切削仿真。

双击"刀具路径"树枝，将它展开，右击"mxjjg-D6r0"，在弹出的快捷菜单中单击"自开始仿真"选项。选项设置与平面加工一样。仿真结果如图5-68所示。

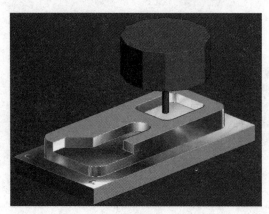

图 5-68　零件 (残留) 精加工仿真图

在 ViewMill 工具栏中，单击"模式"下的小三角形，选择无图像 ，系统保留切削仿真结果，退出仿真状态，返回编程。

步骤 6：计算钻孔刀具路径。

PowerMill 软件计算钻孔刀路的步骤是首先识别出孔特征 (借助点、线、孔等要素)，然后使用钻孔策略计算出刀路。

(1) 识别模型中的孔。

在绘图区，选中 4 个直径 8 mm 的圆。在 PowerMill 资源管理器中，右击"孔特征设置"树枝，在弹出的快捷菜单中单击"创建孔"，打开"创建孔"对话框，按图 5-69 所示设置参数。依次单击"应用""关闭"按钮。系统识别出创建的孔。

图 5-69 创建孔设置

(2) 计算钻孔刀路。

在 PowerMill 的"开始"功能区的"创建刀具路径"工具栏中，单击刀具路径连接按钮 ，打开"策略选取器"对话框，选择"钻孔"选项卡，选择"钻孔"，按照图 5-70 所示钻孔设置参数，并且命名刀具路径为"zk-Dr8"。

在"钻孔"选项卡中，单击"选择 ..."按钮，打开"特征选择"对话框，按照图 5-71 所示选择要加工的孔，依次单击"选择""关闭"按钮完成待加工孔的选定。

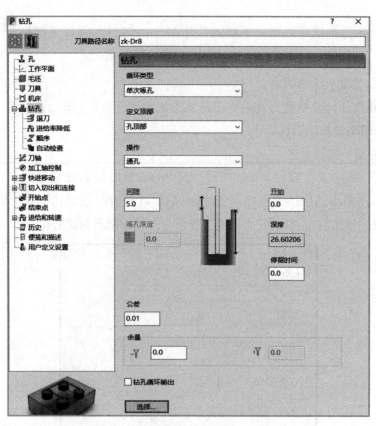

图 5-70 钻孔设置

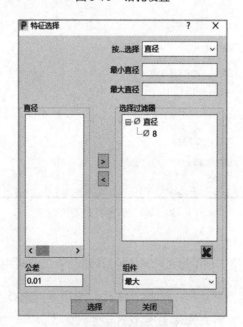

图 5-71 特征选择设置

在"钻孔"对话框的策略树中，单击"刀具"树枝，调出"钻头"选项卡，选择刀具
Dr8，如图 5-72 所示。

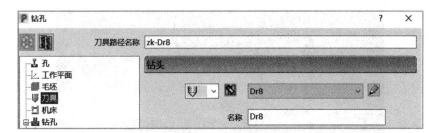

图 5-72 钻头设置

单击"进给和转速"树枝，调出"进给和转速"选项卡，按图 5-73 所示进行设置。

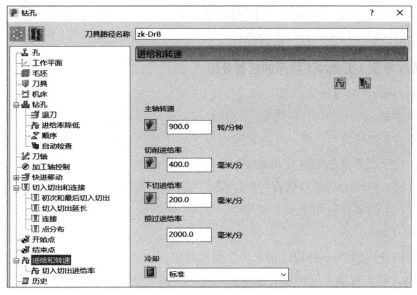

图 5-73 进给和转速设置

设置完成后，单击"计算"按钮，系统计算出如图 5-74 所示的刀具路径，关闭刀具路径对话框。

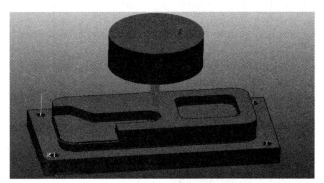

图 5-74 钻孔刀具路径

(3) 钻孔仿真。

双击"刀具路径"树枝，将它展开，右击"zk-Dr8"，在弹出的快捷菜单中单击"自开始仿真"选项。选项设置与平面加工一样。仿真结果如图 5-75 所示。

图 5-75　钻孔仿真

在 ViewMill 工具栏中，单击"模式"下的小三角形，选择无图像 ，系统保留钻孔仿真结果，退出仿真状态，返回编程。

4. 典型（平面）工件加工程序的后置处理

1) PowerMill 刀路转换成机器人程序

在完成了 PowerMill 中的粗精加工刀具路径创建环节之后，需要进行的是实现机器人程序的转换。在该插件中，它的工作流程是从上到下完成机器人程序的转换。这一环节与数控车床、铣床或多轴加工的方式完成 NC 程序类似。在 PowerMill 2019 软件中，刀具路径转换为机器人程序的功能及仿真过程中存在的碰撞、奇异点和极限等错误提醒功能都集中在插件窗口中的垂直插件和水平插件中。这两个插件的使用也是学习的重点。

(1) 机器人库。

本案例所使用的 PowerMill 2019 软件版本的机器人库包含了 ABB、FANUC、KUKA 和 YASKAWA 四大机器人品牌和其他国际常见的机器人品牌，如图 5-76 所示。

图 5-76　机器人库

在该插件中，PowerMill 所带的各大品牌机器人旗下只能选择一个型号的机器人。但它提供路径让使用者能够在机器人库中增加所需要的机器人型号。在加工该项目零件中，我们所使用的机器人是 FANUC 品牌的 M-10iD/12。这款机器人需要在机器人库中进行添加。

(2) 加载机器人与工件位置设定。

在机器人库中，找到 M-10iD/12 型号机器人下的 M-10iD/12 并双击，即可将该型号的机器人模型加载进加工区域，如图 5-77 所示。需要注意的是，机器人的第二轴有红色碰撞报警，这是因为原来的加工工件原点与机器人世界坐标重合导致机器人外部工件产生了干涉。

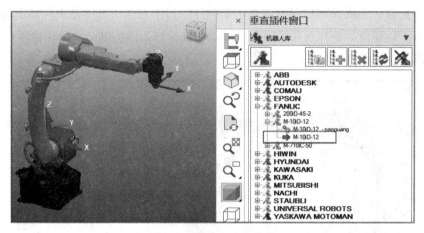

图 5-77　加载机器人本体

下一步可以通过机器人插件中的机器人单元中的零件定位来设定工件的位置，如图 5-78 所示。特别提醒，在机器人坐标系下，设定的就是机器人的用户坐标。所以在实际机加工时，应使软件中的零件的位置与实际加工的零件位置重合，避免不必要的麻烦。

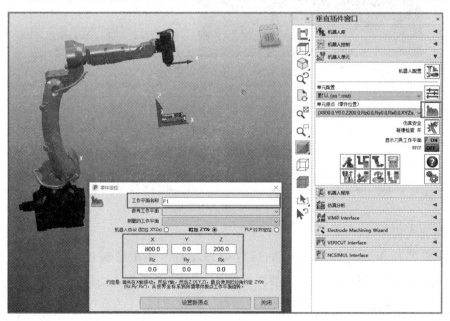

图 5-78　工件坐标

设定完成后，需要在左边的刀具路径中将所需要转换的路径激活。

(3) 机器人控制。

完成以上的基础设置后，进入机器人控制单元。在该环节中，通过加载激活的刀路，在加载机床环境也就是机器人的情况下，模拟运行刀具路径在已设置好的用户坐标情况下是否存在干涉、奇异点和超行程等错误，从而在软件端解决以上问题，避免上机之后发生危险。该插件的使用方式也较为简单，如图 5-79 所示。第一步，执行回原点；第二步，附加刀具到开始加工位置并记录开始仿真；第三步，单击仿真开始；第四步，运行完要走的刀路并保存。完成保存后，可以从水平插件窗口中获得仿真的结果，如图 5-80 所示。如果仿真中出现碰撞、奇异点和超限，可以从中获得该刀路的哪一段出现报警信息，从而快速定位错误位置并处理。

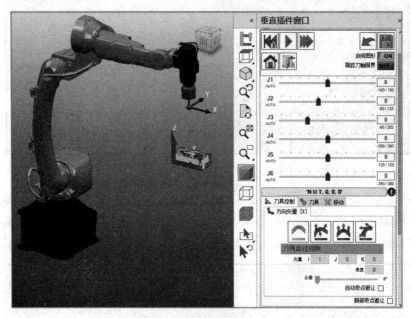

图 5-79　机器人垂直插件

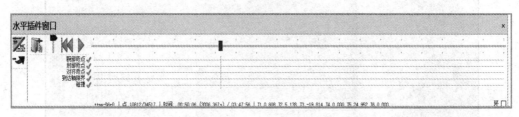

图 5-80　机器人水平插件

(4) 机器人程序。

本环节的作用是通过 FANUC 的后置处理文件，将配置好的刀路转换成能够被 FANUC 机器人识别的程序语言。需要注意的是，FANUC 机器人的程序开头一般为数字或字母，并且也需要输出所加工零件的用户坐标。此次就以 T1 为程序名，输出的工作平面保持前后一致，如图 5-81 所示。

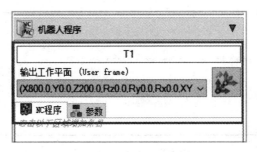

图 5-81　机器人程序名称

在参数中，可以对生成的机器人程序的关节速度和机器人的关节或直线命令的定位方式进行修改。本案例不做更改，保持默认即可。按图 5-82 所示设置机器人程序参数。

参数	值	单位
Robot		
Owner	Autodesk	
Joint Feedrate	20	%
Linear CNT	CNT50	CNT
Joint CNT	CNT100	CNT
RTCP		RTCP

图 5-82　机器人程序参数

在程序栏中，通过右键增加已经仿真无误的刀具路径进入空白处，然后写入机器人 NC 程序中。按图 5-83 所示进行 NC 程序转换。待转换成功后，会自动弹出已转换成功的机器人程序。该程序是 LS 格式，可以以记事本的方式打开，如图 5-84 所示。后期可以通过 U 盘或其他途径加载进机器人本体中。

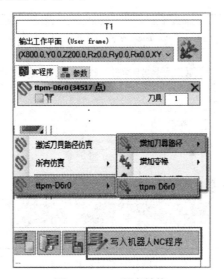

图 5-83　NC 程序转换

图 5-84　转换后的程序

　　需要注意的是，PowerMill 导出的 FANUC 机器人程序，需要用记事本打开之后在程序开头处加上程序的名称，才能加载进机器人的 TP 程序中，否则会报警。转换后的程序修改如图 5-85 和图 5-86 所示，程序修改在 PROG 后加上程序名。

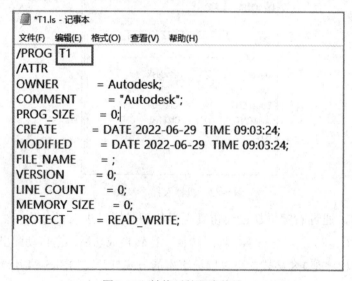

图 5-85　转换后的程序修改 1

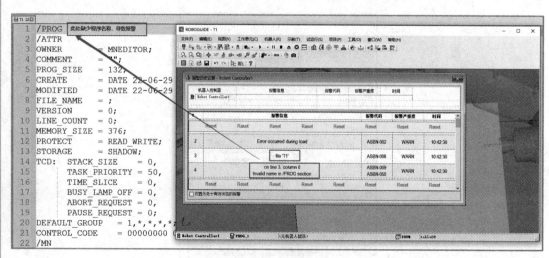

图 5-86　转换后的程序修改 2

有时在加载程序的过程中，受 TP 示教器的内存大小影响，可能会出现加载超时错误，可根据提示尝试冷启动。若冷启动后，程序仍然无法加载进机器人系统中，就需要重新对程序进行分割处理，将程序的内存大小继续缩减至能加载进机器人系统中为止。

在分割程序的时候，还需要注意点位的编号不能超过最大值 32 766，否则会出现MEMO-155(位置编号合计超过最大值 32 766) 和 ASBN-009(程序导入失败) 报警代码。解决办法就是改点位的编号，使点位编号小于 32 766 即可，如图 5-87 所示。

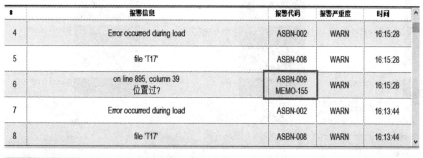

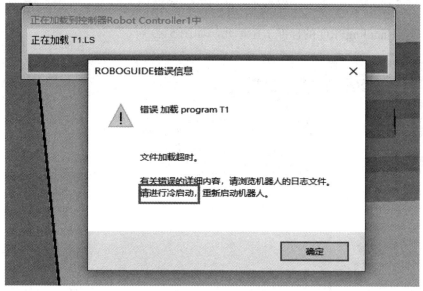

图 5-87　点位超限报错

2) 上机仿真

最后一步将加载出来的机器人加工程序导入 ROBOGUIDE 中进行检验。这一步能够检验加工程序与 FANUC 机器人是否匹配，另外也可以检验加工程序可能存在的错误，继而在 PC 端解决存在的问题，缩短上机解决问题的时间。也为没有机器人硬件的学习者提供一条验证学习的途径。当然，真实加工过程状况还是仿真模拟无法替代的，所以学习者在进行真机实操前务必根据显示情况做适当的调整，避免不必要的危险。

首先在 ROBOGUIDE 中创建一个包含 M-10iD/12 的机器人系统。

(1) 新建工作单元如图 5-88 所示。

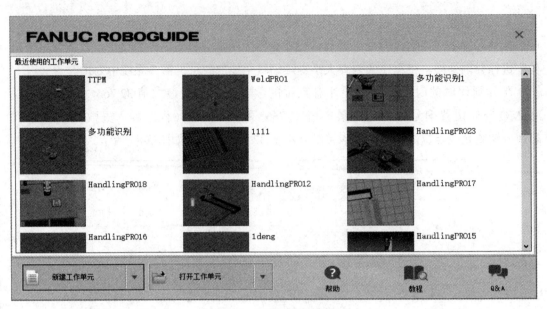

图 5-88　新建工作单元

新建一个 HandlingPRO 的标准工作单元，如图 5-89 所示。

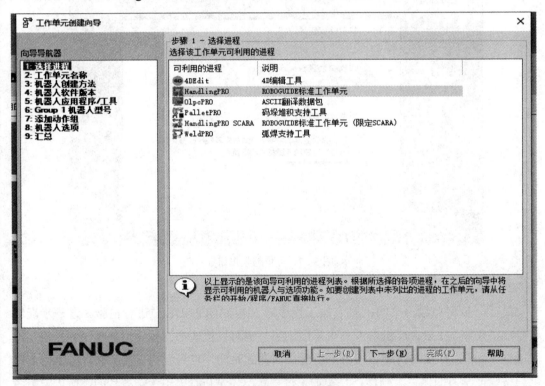

图 5-89　创建标准工作单元

(2) 对工作单元进行命名。

工作单元命名在新版的 ROBOGUIDE 中可以使用中文命名。此处自行命名或者采用系统默认的命名皆可，如图 5-90 所示。

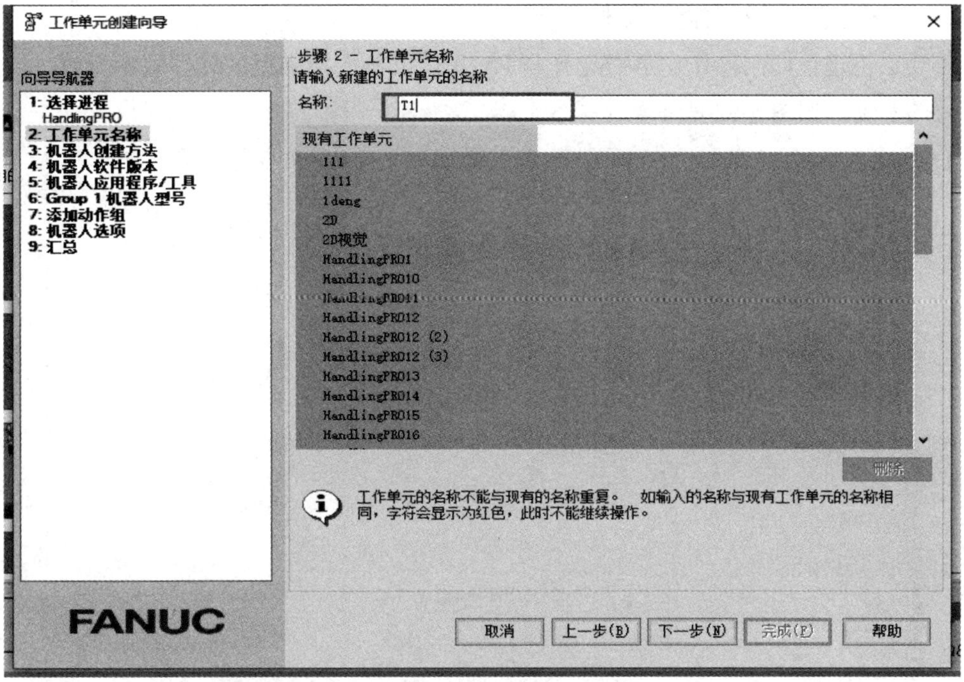

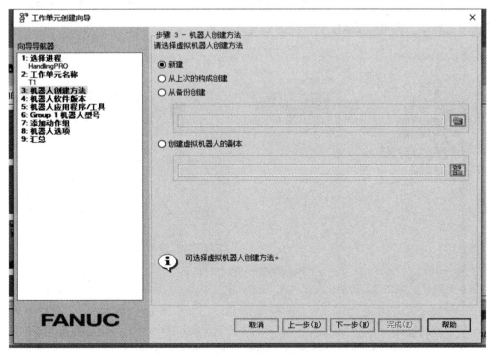

图 5-90　命名工作单元

(3) 采用新建的方式创建系统。

若有真实机器人的系统备份，可以从备份创建的方式进行，以避免后期的机器人位置和坐标调整，如图 5-91 所示。

图 5-91　新建方式创建

(4) 选择创建的机器人软件版本。

若要上机进行切削操作，务必选择与 FANUC 机器人控制柜的软件版本一致，以避免不必要的麻烦，如图 5-92 所示。

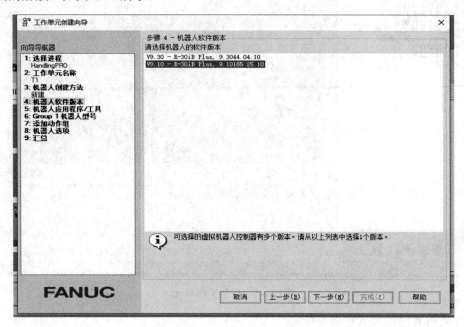

图 5-92　选择系统版本

(5) 设置机器人手爪。

此处选择"稍后设置手爪"，如图 5-93 所示。因为所使用的切削工具不在 ROBOGUIDE 的默认库文件中，需要以 CAD 文件的方式导入安装。

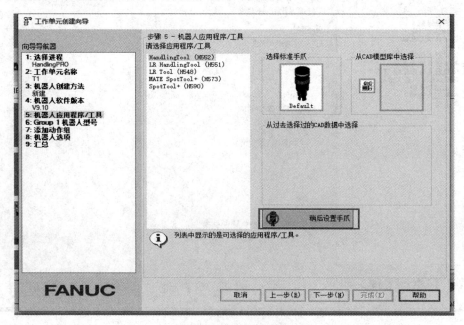

图 5-93　手爪设置

(6) 选择机器人型号。

选择 M-10iD/12 机器人，如图 5-94 所示，注意要与 PowerMill 软件中选择的机器人型号保持一致，以避免不必要的超限、干涉等异常。

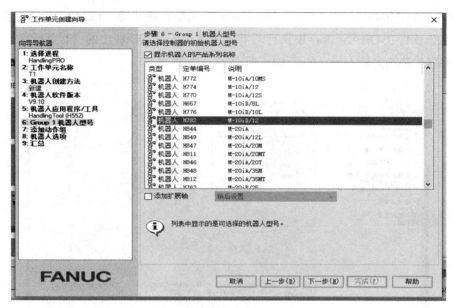

图 5-94　机器人型号选择

(7) 添加动作组。

本次加工的零件通过三轴加工即可完成，在"添加动作组"中不需额外的变位机或其他轴，直接按"下一步"即可，如图 5-95 所示。

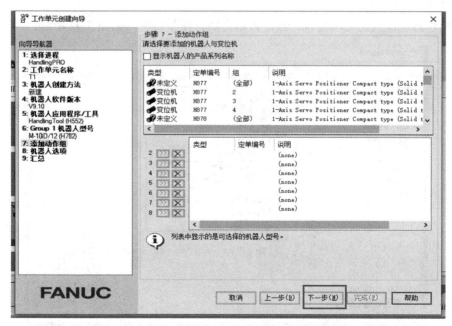

图 5-95　添加动作组

(8) 机器人软件选项。

在"机器人选项"的"详细设置"页中，主要展现了FANUC工业机器人主板上的三个物理内存设备。其中，FR(SRAM 设备) 用于存储工业机器人的系统文件，有失电保持功能；PERM(SRAM/CMOS) 用于存储用户系统变量，有失电保持功能；TEMP(DRAM) 是临时存储器，系统软件在 DRAM 内存中执行。考虑粗精加工的 NC 程序的内存都较大，此处最好把内存容量都选到最大值，如图 5-96 所示。

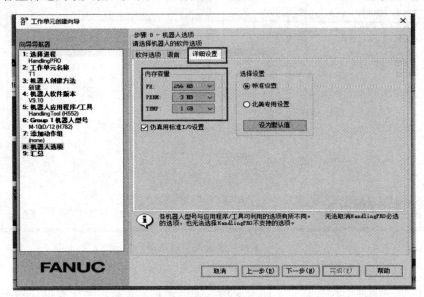

图 5-96　内存的选择

(9) 机器人选型汇总。

需要注意机器人的选项是否一致，否则会缺失部分功能，如图 5-97 所示。

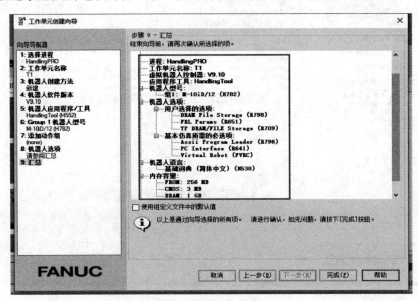

图 5-97　机器人系统的汇总

在加载机器人程序的过程中，要注意 FANUC 机器人 TP 程序的内存大小。FANUC 机器人的 TP 默认程序最大只有 3 MB，如果一个零件的所有加工程序全部累加超过 3 MB，就需要将程序进行分割处理或者联系 FANUC 厂家对内存进行增加，以满足加工程序正常运行。而本次所执行的对象是在 ROBOGUIDE 进行的模拟加工环节，经过试验，把单个程序的大小控制在 1.5 MB 以下会容易加载进系统当中。

ROBOGUIDE 中的环境设置，包括创建包含 M-10iD/12 的机器人系统、机器人的底座安装、尖头动力头工具的安装 (见图 5-98) 和夹具 (工装) 部分的安装 (见图 5-99 和图 5-100)。

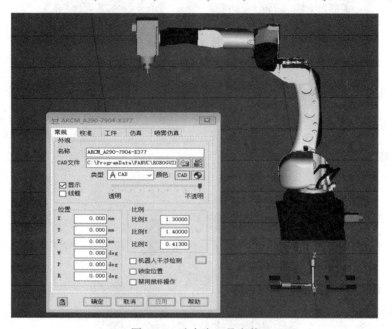

图 5-98   动力头工具安装

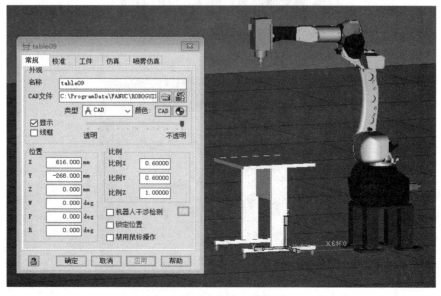

图 5-99   工装安装 1

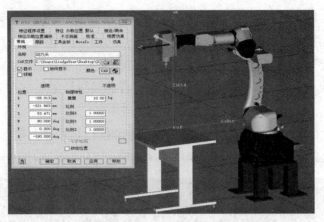

图 5-100　工装安装 2

在将程序加载进 ROBOGUIDE 中进行检验之前，最好先设定好工业机器人的工具坐标与用户坐标，其方向应与 PowerMill 中的刀具坐标方向及世界坐标方向保持一致。否则会导致加载进 ROBOGUIDE 中的程序因为工具坐标与世界坐标的方向和程序点位的方向不一致而报警，如图 5-101 所示。

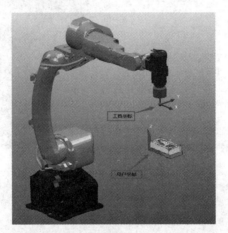

(a) 工具坐标和用户坐标

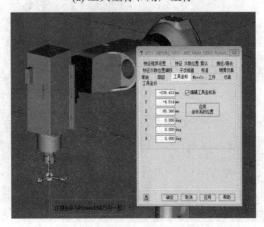

(b) 工具坐标方向保持一致

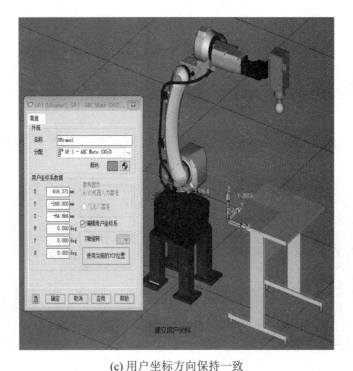

(c) 用户坐标方向保持一致

图 5-101　工具 / 用户坐标方向保持一致

　　最后还要将需加工的模型加载进机器人系统中,并将用户坐标的设置调整得 PowerMill 中的世界坐标一致,从而使加工的刀具路径贴合到待加工的工件上,如图 5-102 所示。

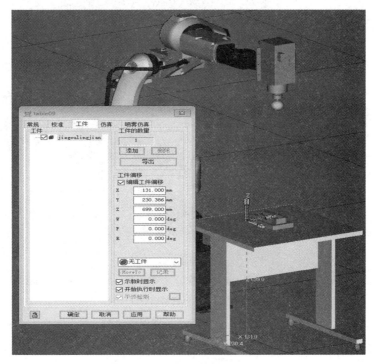

(a) 将加工模型加载进机器人系统

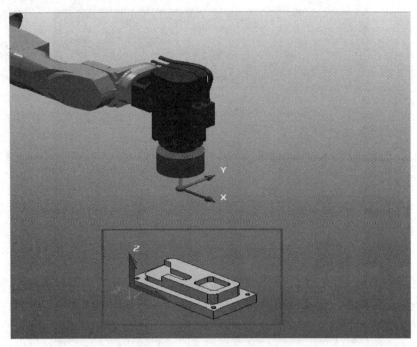

(b) PowerMill 中的世界坐标

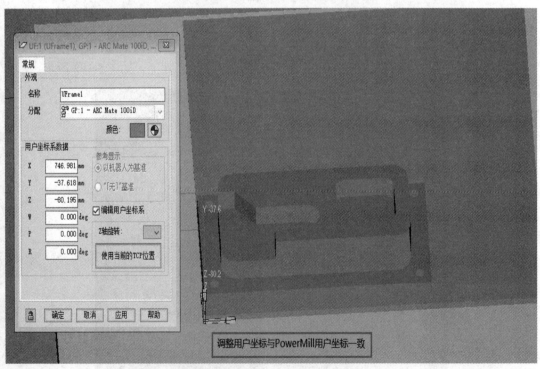

(c) 调整用户坐标与 PowerMill 用户坐标一致

图 5-102　用户坐标位置保持一致

在完成以上的基础环境设置之后，就可以将已经分割好的程序逐一加载进
ROBOGUIDE 中完成加工程序的模拟过程，如图 5-103 所示。

工业机器人应用 (FANUC)

134

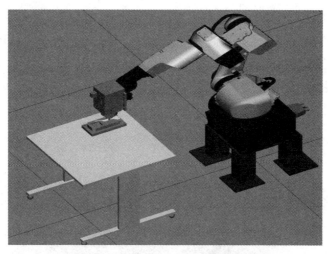

图 5-103　ROBOGUIDE 仿真加工

　　本环节中所有的机器人 LS 文本文件及 ROBOGUIDE 工作站的文件皆可以在本书电子资源中找到。

二、典型（曲面）工件加工程序编制与调试

　　工业机器人在数控加工领域除了应用在零件的成型切削中外，还广泛应用于打磨和去毛刺等场景。以国内的大多数汽车发动机制造公司为例，其生产的发动机外壳、车身和其他金属零部件的去毛刺、打磨、抛光多数是使用人工手持气动或电动工具，以打磨、研磨和锉的方式进行去毛刺、抛光作业。这种加工方式容易导致产品不良率上升，生产效率低下，生产环境对操作人员不友好。在人工成本不断增高的情况下，机器换人的趋势迫在眉睫。与数控机床和加工中心等加工设备相比，工业机器人多轴自由度高、灵活性强的特点，使得工业机器人应用在去毛刺之类加工轨迹复杂的自动化作业中更具优势，机器人安装电动工具打磨车身如图 5-104(a) 所示，机器人加工曲面如图 5-104(b) 所示。

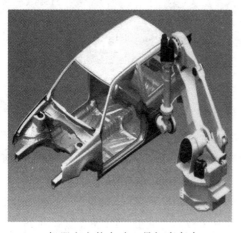

(a) 机器人安装电动工具打磨车身　　　　　　　　(b) 机器人加工曲面

图 5-104　机器人打磨车身 / 加工曲面

本案例以 FANUC M-10iD/12 机器人对某企业设计的凹槽金属模型 (见图 5-105) 去毛刺为例，对金属模型的冲孔及四周的毛边进行去毛刺操作。通篇使用 PowerMill Robot 插件对 NC 刀路进行编制及机器人后置处理，再通过 ROBOGUIDE 上机仿真检验程序的可行性方式，介绍去毛刺的应用。

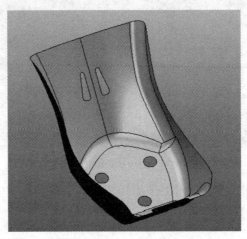

图 5-105　凹槽金属模型

1. PowerMill 的模型输入与毛坯创建

将去毛刺 die.dgk 模型输入到 PowerMill 中，输入模型如图 5-106(a) 所示。导入凹槽金属模型如图 5-106(b) 所示。然后进行毛坯创建。

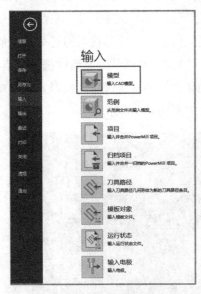

(a) 输入模型

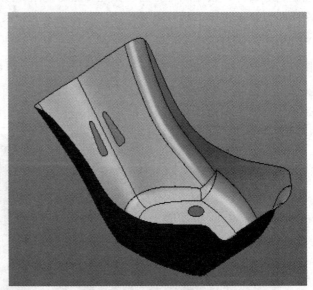

(b) 凹槽金属模型

图 5-106　导入凹槽金属模型

除了通过工具栏输入零件的方式外，还可以直接将文件拖拽进 PowerMill 的操作空间中，实现将 CAD 零件加载进 PowerMill。

建立毛坯时需要先将零件全选，然后选择工具栏上的毛坯工具。在弹出的"毛坯"设定框中，单击"计算"，如图 5-107 所示。PowerMill 会自动计算毛坯，若毛坯不显示，则是未勾选显示或透明度选择了最小，重新调整透明度即可。

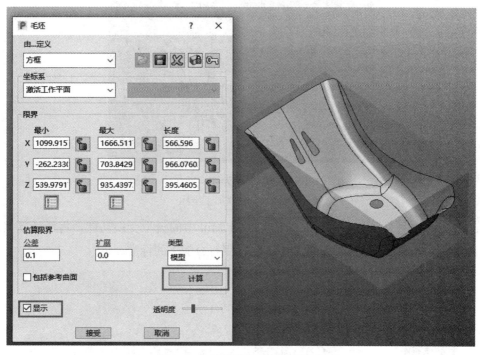

图 5-107　计算凹槽金属模型毛坯

因模型自带的坐标不在工件的正上方，如图 5-108(a) 所示。此处通过坐标的变换重新将坐标建立在毛坯的正上方，如图 5-108(b) 所示。

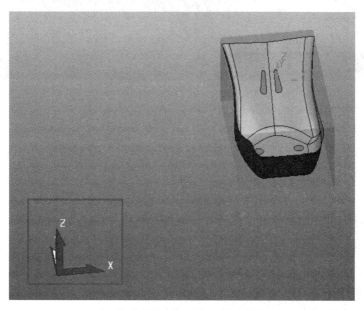

(a) 模型自带坐标不在工件正上方

(b) 坐标建立在毛坯正上方

图 5-108　设置加工坐标

改变坐标如图 5-109 所示，可以通过 PowerMill 中的模型变换功能，将激活的坐标与零件自带的坐标重合，从而使零件加工的坐标更符合加工的标准。

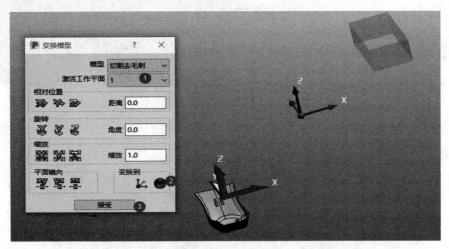

图 5-109　改变坐标

2. 创建刀具

工业机器人去毛刺加工所使用的刀具是根据具体加工要求确定的，PowerMill 的刀具库中模型有限，不可能包含市面所有的刀具模型。但也无须担心，可使用其中常见的刀具模型进行替代，在后期上机加工时，重新对工业机器人工具坐标进行标定即可。基于此，本案例采用端铣刀进行切割毛刺展示，使用者可以根据自身的具体使用情况进行设置。刀具的直径和长度，根据模型最小切削孔直径确定为 Φ12 mm，长度为 150 mm，如图 5-110(a) 所示。

在刀具处创建一个长度为 150 mm、直径为 12 mm 的端铣刀，如图 5-110(b) 所示。因后期通过修改工业机器人工具坐标可更改刀具实际的尖端长度，所以不需要设置其他的刀柄和刀夹。

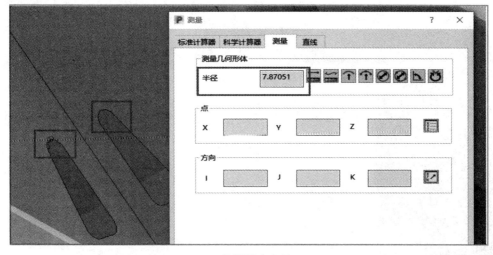

(a) 检测最小半径

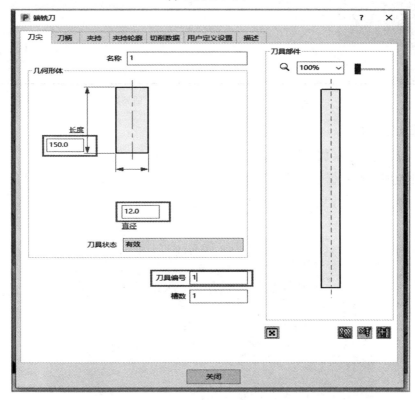

(b) 设置刀具参数

图 5-110 创建刀具

3. 设置安全高度

设置机器人下刀时的快速接近高度和下切高度，如图 5-111 所示。其他的参数暂时采用系统自动分配的方式，后面根据需要进行适当的调整。

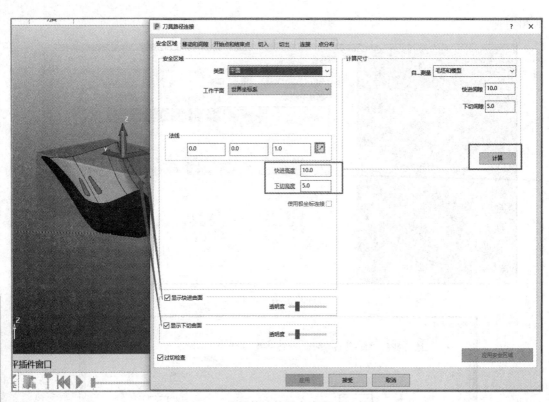

图 5-111　设置快速接近高度和下切高度

4. 选择加工策略

由图 5-112 所示需要加工的区域，可以获得一些比较关键的信息。比如，主要去毛刺的区域有外轮廓及椭圆标识处的孔（底部 5 孔）。因此采用精加工的方式即可完成，此处采用轮廓精加工的方式完成所有区域的毛刺去除工作。

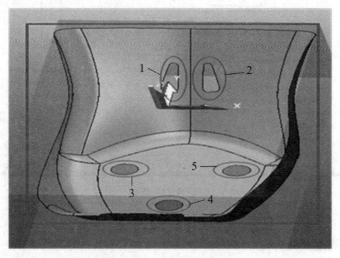

图 5-112　需要加工的区域

在刀具路径处选择精加工，在弹出的策略中选择轮廓精加工，如图 5-113 所示。

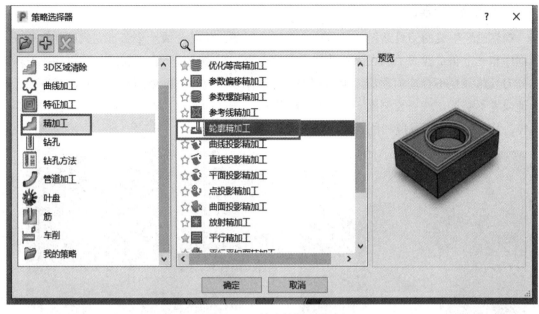

图 5-113　轮廓精加工策略

　　在编辑刀具路径时，注意框选所需要加工的零件再选择加工策略，以避免不出刀具路径的情况。轮廓精加工具体参数需将程序改为 T1，其他参数可以默认，如图 5-114 所示。本案例中凹槽金属四周边缘的毛刺使用刀具的侧刃去切割，所以在设置精加工参数时还需设置刀轴为前倾 / 侧倾，从而使加工刀路更符合工艺，待设置完毕之后单击"计算"即可自动生成刀具路径。

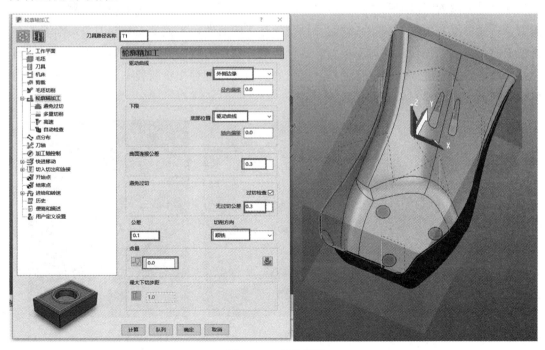

图 5-114　参数设置

5. 刀具路径合理性判断

观察已经生成的刀具路径，针对这个刀具路径最好将其分成一个负责完成底孔毛刺去除程序和一个负责四周毛刺去除的两个子程序会更加容易处理。在观察时，可以明确发现部分刀具路径是不合理的，需要手动删除。比如图 5-115(a) 下框处的刀具路径，就存在不合理或者不必要，就需要删除。图 5-115(b) 为另一部分的底孔，也可以通过右击该段刀具路径，从仿真查看刀具路径能否通过最小弯径处。

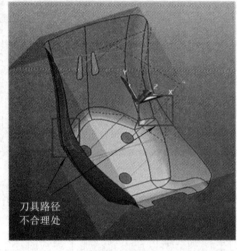

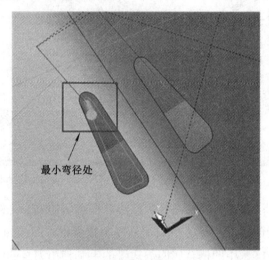

(a) 下框处刀具路径   (b) 最小弯径处

图 5-115　刀路情况判断 1

除了以上两处轨迹的判断，也需要判断四周去毛刺的刀具路径是否存在问题。从以下的刀具路径可以看出第一和第二处的刀具路径存在的问题，主要是刀具的刀头是沿着刀具路径走的，可能存在转弯处加工不到的情况。最好使用刀具的侧刃进行切削加工，刀具路径的轨迹倾斜的角度还需要进行调整。第三处的刀具路径存在着断裂不连续的现象，也需要重新调整，如图 5-116 所示。

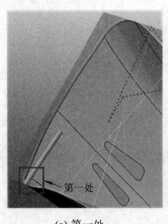
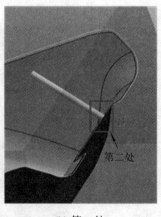
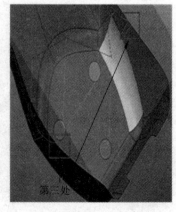

(a) 第一处   (b) 第二处   (c) 第三处

图 5-116　刀路情况判断 2

根据以上判断，可以保留底部 5 孔去除毛刺的刀具路径。其操作过程，是先隐藏掉模型而只显示刀具路径，然后将四周的路径选中删除，保留有效的刀具路径，如图 5-117 所示。

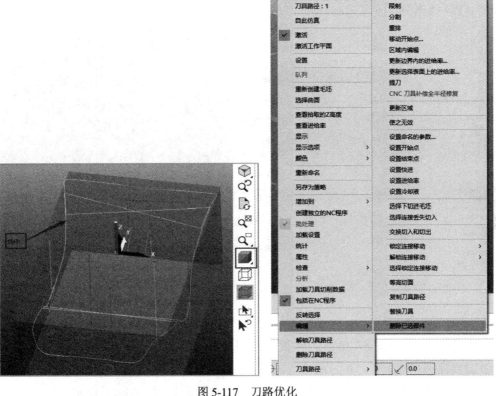

图 5-117　刀路优化

　　在删除刀具路径的过程中，需要注意通过右击刀具路径，在弹出的快捷键菜单中选择编辑→删除已选部件，此操作可以将已选择的刀具路径删除。切记不要执行删除刀具路径，该功能是将整个刀具路径全部删除。保留的精加工底部孔径去毛刺的刀具路径如图 5-118 所示。

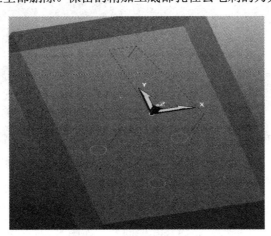

图 5-118　保留精加工路径

四周边上的刀具路径，按照之前设置好的参数再次生成或者复制删除前的刀路做修改。在操作之前，可以选择将底部 5 孔去毛刺的刀具路径隐藏，只需在 1 号刀具路径处右键选择取消激活即可。然后本次采用重新生成刀具路径的方式，按 1 号刀路方法保留四周刀路，设为 2 号刀具路径，需要注意的是此刀具路径需要将刀轴的倾斜角度改为 70°，出来的刀具路径如图 5-119 所示。

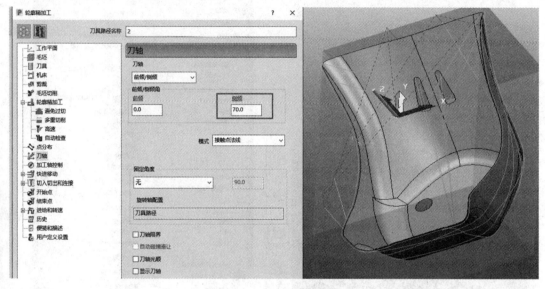

图 5-119　刀轴参数设置

2 号刀具路径 (见图 5-120(a))，主要保留四周边缘的去毛刺刀具路径，所以操作和底部 5 孔刀具路径一样处理。先隐藏模型，然后选中多余的刀具路径，通过编辑→删除已选的刀具路径 (见图 5-120(b))，保留余下的四周刀具路径，如图 5-120(c) 所示。

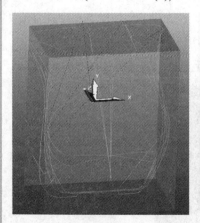

(a) 刀具路径　　　　　　　　(b) 删除已选刀具路径　　　　　(c) 保留四周去毛刺的刀具路径

图 5-120　刀具路径操作

在刀具路径修改完成之后，最好针对 1 号和 2 号刀具路径分别做一次刀具路径仿真，观察 2 个刀具路径是否存在干涉、碰撞和其他问题，如图 5-121 所示。

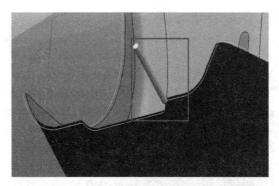

(a) 刀具路径仿真检查 1

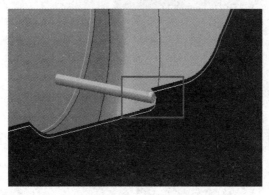

(b) 刀具路径仿真检查 2

图 5-121　刀具路径仿真检查

　　从刀具路径仿真中可以看出，在缺口处，刀具存在过大的过渡角度，出现 80° 的变化。此处的刀具路径最好将其切开，作为两段刀具路径进行处理。可以使用 PowerMill 中的刀具路径处理的裁剪功能，通过裁剪已有的刀具路径，从而将一个刀路生成 2 个独立的刀具路径，如图 5-122 所示。

(a) 刀具路径裁剪设置 1

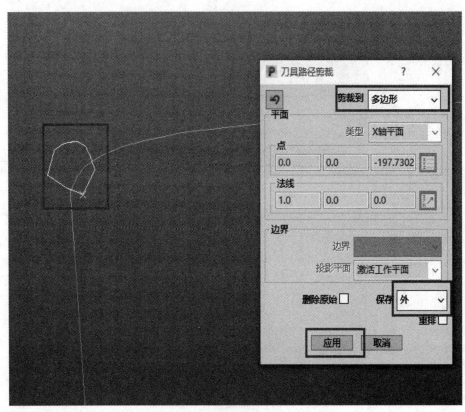

(b) 刀具路径裁剪设置 2

图 5-122　刀具路径裁剪

裁剪结束会在刀具路径处生成刀具路径副本，根据需要将不必要的路径删除，保留所需并进行重命名。这样将所需要的去毛刺的刀具路径分成 1 号、2_1 号和 2_1_1 三个独立的刀路去处理，如图 5-123 所示。

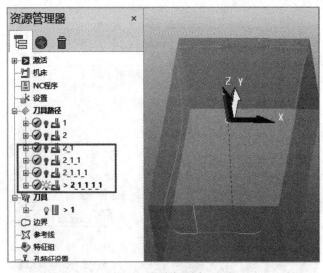

(a) 刀具路径副本

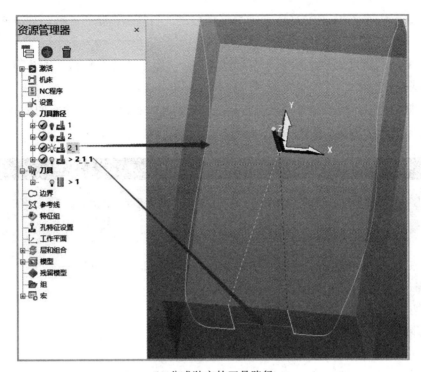

(b) 分成独立的刀具路径

图 5-123 计算刀具路径

6. 加载机器人进行刀路仿真

从刀具路径中选择相应要输出的刀具路径，加载进机器人垂直插件中，选择所需要加工的机器人类型。根据工件摆放的实际原点位置设定加工环境中的方位，尽可能确保两者的一致性。这样可以避免后期重新调整用户坐标。(这一环节的操作步骤可参考本任务一的 "4. 典型 (平面) 工件加工程序的后置处理" 中的机器人仿真步骤，此处不再重复。)

三、机器人数控加工工作站维护

完成数控加工之后，并不是说就不用对机器人数控加工工作站维护了，为了设备能够稳定长久地保持性能，需要对机器人数控加工工作站进行常见故障诊断与排除以及日常维护。

1. 机器人数控加工工作站常见故障诊断与排除

1) 伺服 - 001 操作面板紧急停止 (SRVO-001 Operator panel E-stop)

[故障现象]：

(1) 误按了操作面板的紧急停止按钮。

(2) SYST-067 面板 HSSB 断线报警同时发生，或者配电盘上的 LED(绿色) 熄灭时，主板 (JRS11 端口) 和配电盘 (JRS11 端口) 之间的通信有异常，可能是因为电缆不良、配电盘不良、主板不良。

[解决办法]：

(1) 解除操作面板的紧急停止按钮。

(2) 确认面板开关板 (CRM51) 和紧急停止按钮之间的电缆是否断线，如果断线，则更换电缆。

(3) 如果在紧急停止解除状态下触点没有接好，则是紧急停止按钮的故障，逐一更换开关单元或操作面板。

(4) 更换配电盘，更换前要提前备份控制单元的所有程序和设定内容的数据。

(5) 更换连接配电盘 (JRS11 端口) 和主板 (JRS11 端口) 的电缆。

注意：

> SYST-067 面板 HSSB 断线报警同时发生，或 RDY LED 熄灭时，可能导致下面的报警同时发生。(参阅示教器的报警历史画面)

2) 伺服 - 002 示教器紧急停止 (SRVO-002 Teach pendant E-stop)

[故障现象]：误按了示教器的紧急停止按钮。

[解决办法]：

(1) 解除示教器的紧急停止按钮。

(2) 更换示教器。

3) 伺服 - 003 紧急时自动停机 (Deadman) 开关释放 (SRVO-003 Deadman switch released)

[故障现象]：在示教器有效的状态下，未按下紧急时自动停机 (Deadman) 开关。

[解决办法]：

(1) 按下紧急时自动停机开关并使机器人操作。

(2) 更换示教器。

4) 伺服 - 021SRDY 断开 (组：i　轴：j)[SRVO-021 SRDY off (Group:i Axis:j)]

[故障现象]：当 HRDY 断开时，没有其他发生报警的原因，SRDY 处在断开状态。(HRDY 是主机相对于伺服发出接通还是断开伺服放大器的电磁接触器的信号。SRDY 是伺服相对于主机发出伺服放大器是否已经停止的信号。试图停止伺服放大器的电磁接触器，若其不停止，通常是伺服放大器发出报警，如果检测出伺服放大器的报警，主机端就不会发出此报警 (SRDY 断开)。也就是说此报警表示：虽然找不出原因，但电磁接触器不停止。)

[解决办法]：

(1) 确认紧急停止单元 CP2、CRM64、CNMC3，伺服放大器 CRM64 已经连接。

(2) 存在着电源瞬时断开的可能性。确认是否存在电源的瞬时断开。

(3) 更换紧急停止单元。

(4) 更换伺服放大器。

5) 伺服 - 037IMSTP 输入 (组：i)[SRVO-037 IMSTP input (Group:i)]

[故障现象]：输入了外围设备 I/O 的 *IMSTP 信号。

[解决办法]：接通 *IMSTP 信号。

6) 伺服 - 038 脉冲计数不匹配 (组：i　轴：j)[SRVO-038 Pulse mismatch (Group:i Axis:j)]

[故障现象]：电源断开时的脉冲计数和电源接通时的脉冲计数不同。在更换脉冲编码

器或者更换脉冲编码器的备份用电池后，发出此报警。此外，在将备份用数据读到主板中时，也会发出此报警。

[解决办法]：确认报警历史画面，按照下面的不同情形进行检查。

(1) 在与"伺服 - 222 没有放大器"同时发生时，参阅伺服 - 222 的项目。

(2) 对不带制动器的电机设定了带有制动器时，有时会发生此报警。确认附加轴的设定是否正确。

(3) 在电源断开中通过制动器解除单元改变姿势时，或者退回主板备份数据时，会发生此报警，应重新执行该轴的控制。

(4) 在电源断开中，由于制动器的故障而改变姿势时，发生此报警。在消除报警后，重新执行该轴的控制。

(5) 在更换脉冲编码器后，重新执行该轴的控制。

7) 伺服 - 050CLALM 报警 (组：i 轴：j)[SRVO-050 CLALM alarm (Group:i Axis:j)]

[故障现象]：在伺服放大器内部推测的扰动扭矩变得异常大，检测出刀具冲突。

[解决办法]：

(1) 确认机器人是否冲突，或者确认是否存在导致该轴的机械性负载增大的原因。

(2) 确认负载设定是否正确。

(3) 确认该轴的制动器是否已经开启。

(4) 当负载重量超过额定值时，应在额定值范围内使用。

(5) 确认控制装置的输入电压是否处在额定电压内，并确认控制装置的变压器的电压设定是否正确。

(6) 更换 6 轴放大器。

(7) 更换该轴的电机。

(8) 更换紧急停止单元。

(9) 更换该轴的电机动力线 (机器人连接电缆)。

(10) 更换该轴的电机动力线、制动器线 (机构内部)。

8) 伺服 - 062 BZAL 报警 (组：i 轴：j)[SRVO-062 BZAL alarm (Group:i Axis:j)]

[故障现象]：尚未连接脉冲编码器的绝对位置备份用电池时发生此报警，可能是因为机器人内部的电池电缆断线造成的。

[解决办法]：在消除报警的原因后，将系统变量 ($MCR.$SPC RESET) 设为 TRUE，然后再接通电源，需要进行控制。

9) 伺服 - 230 链条 1 (+24 V) 异常 [SRVO-230 Chain 1 (+24 V) Abnormal]，

伺服 - 231 链条 2 (0 V) 异常 [SRVO-231 Chain 2 (0 V) Abnormal]

[故障现象]：

(1) 链条 1(+24 V)/ 链条 2(0 V) 异常，在操作面板的紧急停止、示教器的紧急停止、紧急时自动停机开关、栅栏开关、外部紧急停止、伺服 ON/OFF 开关、门开关中的其中一处发生。应以下列方法确认报警历史。

(2) 单链异常是在一侧的链条处在紧急停止状态而另一侧的链条没有处在紧急停止状

态下发生的。

(3) 发生报警的可能原因在于，触点的熔敷、紧急时自动停机开关不到位的开启、紧急停止开关只被按到一半、外部紧急停止等规定外的非正常输入。

(4) 在检测出单链异常时，应排除报警的原因，并根据后面的方法解除报警。在确认报警历史之前，应保持报警的状态。

[解决办法]:

(1) 更换配电盘。

(2) 更换紧急停止单元。

(3) 更换伺服放大器。

(4) 更换连接着配电盘与紧急停止单元 (CRM64)、紧急停止单元与伺服放大器 (CRM67) 的电缆。

> **注意:**
>
> 在上述作业中排除硬件的链条异常原因后，在系统设定界面上将链条异常的复位的执行设为"Yes"(是)。最后，按下示教器上的复位键。

2. 机器人数控加工工作站日常维护

1) FANUC 机器人日常维护

定期保养机器人可以延长机器人的使用寿命。FANUC 机器人的保养周期可以分为日常、三个月、六个月、一年、三年等，具体内容如表 5-4 所示。

表 5-4　保 养 周 期 表

保养周期	检查和保养内容	备　　注
日常	1. 不正常的噪声和震动，马达温度	
	2. 周边设备是否可以正常工作	
	3. 每根轴的抱闸是否正常	有些型号机器只有 J2、J3 抱闸
三个月	1. 控制部分的电缆	
	2. 控制器的通风	
	3. 连接机械本体的电缆	
	4. 接插件的固定状况是否良好	
	5. 拧紧机器上的盖板和各种附加件	
	6. 清除机器上的灰尘和杂物	
六个月	更换平衡块轴承的润滑油，其他参见三个月保养内容	某些型号机器人不需要，具体见随机的机械保养手册
一年	更换机器人本体上的电池，其他参见六个月保养内容	
三年	更换机器人减速器的润滑油，其他参见一年保养内容	

工 业 机 器 人 应 用 (FANUC)

2) 更换电池

FANUC 机器人系统在保养当中需要更换控制器主板上的电池和机器人本体上的电池。

(1) 更换控制器主板上的电池。

程序和系统变量存储在主板上的 SRAM(Static Random Access Memory，静态随机存取存储器) 中，由一节位于主板上的锂电池供电，以保存数据。当这节电池的电压不足时，则会在 TP 上显示报警 (SYST-035 Low or No BatteryPower in PSU)。当电压变得更低时，SRAM 中的内容将不能备份，这时需要更换旧电池，并将原先备份的数据重新加载。因此，平时注意用 Memory Card 存储卡或软盘定期备份数据。控制器主板上的电池两年换一次，具体步骤如下：

① 准备一节新的锂电池 (推荐使用 FANUC 原装电池)；

② 机器人通电开机正常后，等待 30 s；

③ 机器人关电，打开控制器柜子，拔下接头取下主板上的旧电池；

④ 装上新电池，插好接头。

(2) 更换机器人本体上的电池。

机器人本体上的电池用来保存每根轴编码器的数据，因此电池需要每年更换。在电池电压下降报警 [SRVO-065 BLAL alarm(Group: %d Axis: %d)] 出现时，更换电池。若不及时更换，则会出现报警 [(SRVO-062 BZAL alarm(Group: %d Axis: %d)]，机器人此时将不能动作，遇到这种情况再更换电池，还需要做 Mastering(零点复归) 才能使机器人正常运行，更换电池的具体步骤如下：

① 保持机器人电源开启状态，按下急停按钮；

② 取下电池盒的盖子，拿出旧电池；

③ 换上新电池 (推荐使用 FANUC 原装电池)，注意不要装错正负极 (电池盒的盖子上有正负极标识)。

④ 盖好电池盒的盖子，上好螺丝。

3) 更换润滑油

机器人每工作三年或工作 10 000 h，需要更换 J1、J2、J3、J4、J5、J6 轴减速器润滑油和 J4 轴齿轮盒的润滑油。某些型号机器人如 S-430、R-2000 等每半年或工作 1920 h 还需更换平衡块轴承的润滑油。

(1) 更换减速器和齿轮盒润滑油，具体步骤如下：

① 机器人关电；

② 拔掉出油口塞子；

③ 从进油口处加入润滑油，直到出油口处有新的润滑油流出时停止加油；

④ 让机器人被加油的轴反复转动，动作一段时间，直到没有油从出油口处流出；

⑤ 把出油口的塞子重新装好。

注意:

　　错误的操作将会导致密封圈损坏。为避免发生错误，操作人员应做到：更换润滑油之前，要将出油口塞子拔掉，使用手动油枪缓慢加入；避免使用工厂提供的压缩空气作为油枪的动力源，如果非要不可，压力必须控制在 0.735 MPa(75 kgf/cm^2) 以内，流量必须控制在 15 cm^3/s 以内；必须使用规定的润滑油，其他润滑油会损坏减速器。更换完成，确认没有润滑油从出油口流出，应将出油口塞子装好。为了防止滑倒事故的发生，将机器人和地板上的油迹彻底清除干净。

　　(2) 更换平衡块轴承润滑油，具体步骤为：直接从加油嘴处加入润滑油，每次不必太多 (约 10 mL)。需要更换润滑油的数量和加油口 / 出油口的位置见随机自带的机械保养手册。

　　4) 控制器日常维护

　　(1) 机器人控制器的组成。

　　① MAIN BOARD(主板)：主板上安装两个微处理器、外围线路、存储器，以及操作面板控制线路。主 CPU 控制着伺服机构的定位和伺服放大器的电压。

　　② MAIN BOARD BATTERY(主板电池)：在控制器电源关闭之后，电池维持主板存储器状态不变。

　　③ I/O BOARD(I/O 板)：FANUC 输入 / 输出单元，使用该部件后，可以选择多种不同的输入 / 输出类型。这些输入 / 输出连接到 FANUC 输入 / 输出连接器。

　　④ E-STOPUNIT(紧急停止单元)：该单元控制着两个设备的紧急停止系统，即磁电流接触器和伺服放大器预加压器，达到控制可靠的紧急停止性能标准。

　　⑤ PSU(电源供给单元)：电源供给单元将 AC 电源转换成不同大小的 DC 电源。

　　⑥ TEACH PENDANT(示教盒)：包括机器人编程在内的所有操作都能由该设备完成。控制器状态和数据都显示在示教盒的液晶显示器 (LCD) 上。

　　⑦ SERVO AMPLIFIER(伺服放大器)：伺服放大器控制着伺服马达的电源、脉冲编码器、制动控制、超行程，以及手制动。

　　⑧ OPERATION BOX(操作面板和操作盒)：操作面板及操作盒上的按钮和二极管用来启动机器人，以及显示机器人状态。面板上有一个串行接口的端口，供外部设备连接，另外还有一个连接存储卡的接口，用来备份数据。操作面板盒和操作盒还控制着紧急停止控制线路。

　　⑨ TRANSFORMER(变压器)：变压器将输入的电压转换成控制器所需的 AC 电压。

　　⑩ FAN UNITS(风扇单元)：热交换器，这些设备为控制单元内部降温。

　　⑪ BREAKER(线路断开器)：如果控制器内的电子系统故障，或者非正常输入电源造成系统内的高电流，则输入电源连接到线路断开器，以保护设备。

⑫ DISCHARGE RESISTOR(再生电阻器)：为了释放伺服马达的逆向电场强度，在伺服放大器上接一个再生电阻器。

(2) 控制器维护。

① 无法开机，解决方法如表 5-5 所示。

表 5-5　无法开机的解决方法

检 查 及 维 修	控制器部件
检查 1：控制器断路器开且没有跳闸。维修：合上断路器。	断路器
检查 2：查看电源板 (PSU) 上的 LED 指示灯 (green) 是否亮。 维修 1： 如果 LED 指示灯没亮，可能是 PSU 没有 200 V 供电电源或 PSU 上的 F1 保险丝毁坏： 1. 如果没有 200 V 电源，请检查供电线路； 2. 如果 200 V 电源已提供给 PSU，请切断电源： A. F1 保险丝毁坏请参照维修 2； B. F1 保险丝没有毁坏请更换 PSU。 维修 2：保险丝毁坏故障原因及应对措施。 A. 查看 PSU 与其他电路板间的 CP2、CP3 连接件是否接触良好。 B. 如果浪涌吸收 VS1 短路，请更换。 C. 如果二极管 DB1 短路，请更换。 D. 后备电源模块 H1 毁坏，请更换。	电源板 (PSU)
检查 3：查看 PANEL BOARD 上的 EXON1、EXON2，EXOFF1、EXOFF2 信号接线：如果没有使用外部开关机功能，请短接信号 EXON1 与 EXON2，EXOFF1 与 EXOFF2；如果使用了外部开关机功能，请查看连接电缆。	PANEL BOARD 上的信号接线
检查 4：MAIN BOARD 或 PANEL BOARD 上的 JRS11 端口的连接电缆是否接触良好。	MAIN BOARD 或 PANEL BOARD 上的 JRS11
检查 5：查看上面的检查 1、2、3 确定 CP1 上的 200 V 电源已接好且机器 ON/OFF 开关正常，请按以下步骤检查 PSU： 如果 PSU 上的 LED(ALM:red) 亮，请查看外部 +24 V 是否被接地或接 0 V。 维修： A. F4 保险丝毁坏，请更换。 B. 更换 PSU，请更换。	电源板 (PSU)

② MAIN BOARD(主板) 维护。

更换 MAIN BOARD 和 FROM/SRAM 卡时，机器中存储的用户程序及系统设置都会丢失，在更换 MAIN BOARD 和 FROM/SRAM 卡前一定要做好备份，另外在安装机器人系统软件前也要做好备份。MAIN BOARD 和 FROM/SRAM 卡维护方法如表 5-6 所示。

表 5-6　MAIN BOARD 和 FROM/SRAM 卡维护方法

步　骤	维　修
1. 开机后所有的 LED 都亮	1. 更换 CPU 卡 *2. 更换 MAIN BOARD
2. 机器人系统软件启动时	1. 更换 CPU 卡 *2. 更换 MAIN BOARD
3. 机器人系统启动时 CPU 卡 DRAM 初始化完成	1. 更换 CPU 卡 *2. 更换 MAIN BOARD
4. 机器人系统启动时 DRAM、SRAM 初始化完成	1. 更换 CPU 卡 *2. 更换 MAIN BOARD *3. 更换 FROM/SRAM 卡
5. 机器人系统启动时通信 IC 初始化完成	*1. 更换 MAIN BOARD *2. 更换 FROM/SRAM 卡
6. 机器人系统启动时基本软件载入完成	*1. 更换 MAIN BOARD *2. 更换 FROM/SRAM 卡
7. 机器人开机启动基本软件时	*1. 更换 MAIN BOARD *2. 更换 FROM/SRAM 卡
8. 机器人控制器与 TP 示教器通信时	*1. 更换 MAIN BOARD *2. 更换 FROM/SRAM 卡
9. 机器人载入选项软件时	*1. 更换 MAIN BOARD 2. 更换 Process I/O
10. 初始化 DI/DO 时	*1. 更换 FROM/SRAM 卡 *2. 更换 MAIN BOARD
11. SRAM 准备完成	1. 更换轴控制卡 *2. 更换 MAIN BOARD 3. 更换伺服放大器
12. 轴控制卡初始化完成	1. 更换轴控制卡 *2. 更换 MAIN BOARD 3. 更换伺服放大器
13. 校对完成	1. 更换轴控制卡 1 *2. 更换 MAIN BOARD 3. 更换伺服放大器
14. 机器人伺服系统通电	*1. 更换 MAIN BOARD
15. 执行程序时	*1. 更换 MAIN BOARD 2. 更换 Process I/O
16. 执行 I/O 操作时	*1. 更换 MAIN BOARD
17. 初始化完成	初始化正常结束
18. 机器人正常	机器人正常时 LED1、LED2 会不停闪烁

注：* 为更换 MAIN BOARD 和 FROM/SRAM 卡前一定要做好备份。

③ MAIN BOARD 的 7 段码显示，其显示内容对应的故障描述及应对措施如表 5-7 所示。

表 5-7   7 段码显示对应的故障描述及应对措施

7 段码显示	故障描述及应对措施
0	故障：CPU 卡上的 RAM 奇偶校验出错 措施 1：更换 CPU 卡 措施 2：更换 MAIN BOARD
1	故障：FROM/SRAM 卡上的 RAM 奇偶校验出错 措施 1：更换 FROM/SRAM 卡 措施 2：更换 MAIN BOARD
2	故障：通信总线出错 措施：更换 MAIN BOARD
3	故障：控制器通信时 DRAM 奇偶校验出错 措施：更换 MAIN BOARD
4	故障：控制器与 PANEL BOARD 间通信出错 措施 1：查看 MAIN BOARD 与 PANEL BOARD 间连接电缆，如损坏就更换该通信电缆 措施 2：更换 MAIN BOARD 措施 3：更换 PANEL BOARD
5	故障：伺服报警 措施 1：更换伺服控制卡 措施 2：更换 MAIN BOARD
6	故障：系统紧急停止报警 措施 1：更换伺服控制卡 措施 2：更换 CPU 卡 措施 3：更换 MAIN BOARD

④ PSU LED 指示，其对应的故障描述及应对措施如表 5-8 所示。

表 5-8　PSU LED 指示对应的故障描述及应对措施

PSU LED 指示对应的故障描述	应 对 措 施
故障：ALM LED(red) 亮，PSU 报警	措施 1：查看 PSU 上的 F4(+24 V) 保险丝，毁坏则更换 措施 2：检查 PSU 上的 +5 V、+15 V、+24 V 电压和与其连接的相关电缆、设备，如有毁坏则更换 措施 3：更换 PSU
故障：PIL LED(green) 不亮，PSU 的 200 V 电源没有	措施 1：检查 PSU 上的 F1 保险丝，毁坏则更换 措施 2：更换 PSU

⑤ PANEL BOARD 上 LED 指示，其对应的故障描述及应对措施如表 5-9 所示。

表 5-9　PANEL BOARD 上 LED 指示对应的故障描述及应对措施

LED	故障描述及应对措施
RDY	故障：该 LED(green) 不亮，即 PANEL BOARD 与 MAIN BOARD 间通信中断 措施 1：检查 MAIN BOARD 与 PANEL BOARD 间的通信电缆，毁坏则更换 措施 2：更换 MAIN BOARD 措施 3：更换 PANEL BOARD
PON	故障：该 LED 不亮，即 PANEL BOARD 上 +24 V 电压转 +5 V 电压失败 措施 1：检查 CRM63 接头、+24 V 输入电源 措施 2：更换 PANEL BOARD

3. 工业吸尘器日常维护

在使用过程中，如发现吸尘器噪声变得低沉、吸尘效果变差，灰尘指示器中的指示点到达红色区域，则此时必须将储灰容器中的垃圾倒掉，并且清除阻塞在过滤器毛细孔上的细小灰尘。在这样处理后，吸尘效果若仍未见好转，指示点仍在红色区域，则说明在吸尘器的软管中或吸嘴的咽喉处可能有垃圾，对吸嘴检查、排除即可。如要排除软管或接长管内阻塞的垃圾，可将它们接到吸尘器的吹风口，把垃圾吹出。

(1) 电刷是吸尘器电动机的主要部件，长期运行后会磨损，此时电动机转速下降，换向火花及电动机噪声增大，从而缩短电动机的使用寿命，所以应及时更换电刷。进口机三年换一次，国产机使用一年半后 (以每天使用半小时计) 应检查一次，电刷已经短于 7 mm 时就应更换。

(2) 在倒掉垃圾或清洗过滤器后重新安装吸尘器时，切记别忘记装过滤器，否则，在使用时灰尘与垃圾将直接被吸入电动机，损坏风机内的叶轮，或者尘埃进入电动机破坏绝缘，甚至将电动机转子轧住，烧坏电动机。如发现过滤袋或过滤纸有破洞，应该换上新的过滤器。

(3) 吸尘器不可吸取燃烧着的物体和易燃物质 (包括未熄灭的烟头)，否则将烧坏过滤袋或过滤纸。

(4) 吸尘器不可在堆放易燃易爆物品的场所使用，因为吸尘器排出的气体是热的，另外在电动机整流子上存在着火花，在这种场合下使用也不安全。

(5) 干式吸尘器不能在潮湿的地方使用，不能吸取湿泥土或液体，以免过滤纸及电动机受潮损坏。此外，吸尘器不能吸进锐利的金属屑、尖针等，因为这些东西会损坏过滤器，尖针可以刺破软管，或横在软管中阻挡垃圾吸入。

(6) 在使用自动卷线时，最好用手拿着电源插头，以免在电源线卷进时，电线插头乱舞，损伤吸尘器外壳或周围的物品。

(7) 在对吸尘器附件进行保养时，注意不要用脚踩在吸嘴、接长管、软管上，或在附件及主体上堆放重物，以免损坏附件及外壳。不要将软管弯成锐角形状，尤其在冬天，软管塑料较脆，容易断裂，使用时也不可利用软管来牵拉吸尘器主体。

(8) 吸尘器使用完毕后，先关掉开关，再拔下电源插头。拔下插头时，应用手捏住插头部分，切不可图方便，直接拖拉电线。使用中也要避免用脚踩着电源线。倒垃圾或拆开吸尘器修理时，应先切断电源，以确保安全。

(9) 日常应注意吸尘器外壳的维护，这有利于吸尘器的美观。需清洁吸尘器外壳时，可用蘸有肥皂水的软布擦拭，不可用汽油、苯之类的有机溶剂擦拭，这些溶剂都能使塑料褪色、变色或使外壳龟裂。在擦拭外壳时，应防止开关部分受潮，以免引起短路或漏电。

4. 空气压缩机日常维护

(1) 空压机精密过滤器的核心部位是空压机精密过滤器芯件，进口滤芯由空压机精密过滤器框和不锈钢钢丝网组成，不锈钢钢丝网属易损件，需注意保护。

(2) 当空压机精密过滤器工作一段时间后，空压机精密过滤器芯内沉淀了一定的杂质，这时压力降增大，流速会下降，需及时清除空压机精密过滤器芯内的杂质。

(3) 清洗杂质时，特别注意进口滤芯上的不锈钢钢丝网不能变形或损坏，否则过滤后介质的纯度可能达不到设计要求，压缩机、泵、仪表等部件将遭到破坏。

(4) 如发现不锈钢钢丝网变形或损坏，需马上更换。

● ● ● **思考与练习**

1. 简述典型平面工件加工程序编制与调试流程。

2. 简述典型曲面工件加工编程工艺与平面工件编程工艺的差异。

3. 机器人数控加工工作站常见故障诊断有哪些？如何排除？

4. 机器人数控加工工作站日常维护工作有哪些？

参 考 文 献

[1]　兰贵，唐杰. 工业机器人应用 (数控加工)[M]. 北京：机械工业出版社，2020.

[2]　王虎军. 国内外数控系统发展现状研究 [J]. 科学大众 (科学教育)，2011(11)：179.

[3]　刘利海，林新星，唐睿琳. 数控机床位置精度评定标准的探讨 [J]. 科技与企业，
　　　2016(1)：181-182.

[4]　高永祥，郁君平. 数控高速加工中刀具轨迹优化 [J]. 轻工机械，2018(6)：39-41.

[5]　周书兴. 工业机器人工作站系统与应用 [M]. 北京：机械工业出版社，2020.

[6]　李艳晴，林燕文. 工业机器人现场编程 (FANUC)[M]. 北京：人民邮电出版社，2018.

[7]　朱克忆，彭劲枝. PowerMill 数控加工自动编程经典实例 [M]. 3 版. 北京：机械工
　　　业出版社，2020.